7步成课

7D+AI
精品课程开发

段烨 杨雪 ◎ 著

北京联合出版公司
Beijing United Publishing Co.,Ltd.

图书在版编目（CIP）数据

7步成课：7D+AI精品课程开发 / 段烨，杨雪著 .
北京：北京联合出版公司，2025.6. --ISBN 978-7
-5596-8360-1

Ⅰ. TP18-49

中国国家版本馆 CIP 数据核字第 2025WZ4116 号

7步成课：7D+AI 精品课程开发

| 作　　者：段　烨　杨　雪 |
| 出 品 人：赵红仕 |
| 选题策划：北京时代光华图书有限公司 |
| 责任编辑：徐　樟 |
| 特约编辑：李艳玲 |
| 封面设计：新艺书文化 |

北京联合出版公司出版
（北京市西城区德外大街 83 号楼 9 层　　100088）
北京时代光华图书有限公司发行
文畅阁印刷有限公司印刷　　新华书店经销
字数 248 千字　　787 毫米 × 1092 毫米　　1/16　　20 印张
2025 年 6 月第 1 版　　2025 年 6 月第 1 次印刷
ISBN 978-7-5596-8360-1
定价：88.00 元

版权所有，侵权必究
未经书面许可，不得以任何方式转载、复制、翻印本书部分或全部内容
本书若有质量问题，请与本社图书销售中心联系调换。电话：010-82894445

| 目 录 |

自序 1

第一章

主题设计：
聚焦学习痛点

主题设计的原则 003

  一、需求性 003

  二、专业性 004

  三、聚焦性 004

需求调查的四个步骤 006

  一、聚焦对象 006

  二、收集问题 007

  三、整理问题 010

  四、分析问题 012

确定课程主题 015

  一、明确课程目标 015

  二、设计课程名称 017

  ★ 运用AI设计课程名称 019

STRUCTURE DESIGN

第二章

结构设计：
规 划 课 程 框 架

课程结构设计的原则 025

  一、以学习者为中心 025

  二、任务驱动 026

  三、聚焦问题 026

设计课程结构 029

  一、课程三段式设计 030

  二、正课内容模块化排列 031

  三、核心模块逐级分解细化 039

  四、整体结构优化 051

结构设计的注意事项 060

  一、课程时间和重点内容的规划 060

二、符合层级排列的要求 063

三、结构图中模块的多样性 063

四、三种模型的结合 064

★ AI工具运用的注意事项 064

CONTENT DESIGN

第三章

内容设计：
开发课程内容

知识点开发 069

一、知识点开发的四个原则 069

二、知识点开发的CNEB模型 074

★ 运用AI提炼、优化知识点 083

案例开发 087

一、案例开发的三种类型 087

二、案例开发的四个原则 089

三、案例的开发流程CCGO模型 093

★ 运用AI五步优化案例 106

学习活动开发 109

一、学习活动的分类 109

二、学习活动开发的三个原则 111

三、学习活动的四种类型 114

问题讨论型学习活动的开发 115

一、问题讨论型学习活动的三个关键点 115

二、问题讨论型学习活动开发流程：CISR模型 117

三、开发问题讨论型学习活动的四个注意事项 125

四、问题讨论型学习活动的标准模板 126

★ 运用AI开发问题讨论型学习活动 127

技能演练型学习活动的开发 130

一、技能演练型学习活动的三个关键点 131

二、技能演练型学习活动开发流程：STPS模型 134

三、开发技能演练型学习活动的三个注意事项 139

四、技能演练型学习活动的标准模板 140

★ 运用AI开发技能演练型学习活动 141

案例分析型学习活动的开发 144

一、案例分析型学习活动的三个关键点 144

二、案例分析型学习活动开发流程：SCDP模型 146

三、开发案例分析型学习活动的三个注意事项 155

四、案例分析型学习活动的标准模板 156

★ 运用AI开发案例分析型学习活动 156

成果展示型学习活动的开发 160

一、成果展示型学习活动的概念解读 160

二、成果展示型学习活动开发流程：CSPG模型 161

三、开发成果展示型学习活动的三个注意事项 167

四、成果展示型学习活动的标准模板 167

★ 运用AI开发成果展示型学习活动 168

课程简介的设计 171

一、课程简介是什么 171

二、课程简介的标准化要求 171

★ 运用AI设计课程简介 173

第四章
成果设计：
强化学习收益

成果设计的价值和设计原则 183

一、成果设计的含义 183

二、成果设计的三大价值 183

三、成果设计的四个原则 186

成果设计的类型及方法　188

　　一、学习成果设计的三种类型　188

　　二、学习过程中成果设计的五种方法　192

　　三、课程结束阶段成果设计的四种方法　194

　　★　运用AI优化成果设计　198

MATERIAL DESIGN

第五章

材料设计：
制作学习资料

PPT使用常见的误区及设计原则　205

　　一、PPT使用常见误区　205

　　二、PPT设计的三个原则　207

制作PPT的五步流程　210

　　一、确定整体模板风格　211

　　二、规划各个层级模板　211

　　三、根据结构图设计内容　212

　　四、优化PPT　214

　　五、巧用PPT备注　220

★ 运用AI制作PPT 221

优化整理精品课程"八件套" 233

- 一、课程说明书的制作 233
- 二、调研工具的整理 236
- 三、课程简介的制作 236
- 四、教学指导图的设计 237
- 五、案例素材集的整理 238
- 六、学习活动集的整理 238
- 七、培训师手册的开发 238
- 八、学员手册的制作 241

LIGHTSPOT DESIGN

第六章

亮点设计：
创建课程特色

课程缺乏亮点设计的表现 245

- 一、课程名称缺乏特色 245
- 二、课程内容缺乏创新 246
- 三、教学方法缺乏创新 247

课程名称吸引人 248

 一、精简化：短小精干，便于传播 248

 二、形象化：赋予形象，强化理解 249

 三、聚焦化：卖点聚焦，直击痛点 250

 四、具体化：方法具体，驱动力强 250

  ★ 运用AI优化课程名称 251

课程内容打动人 255

 一、内容创新思路 256

 二、内容创新的具体方法 257

  ★ 运用AI对内容进行创新 261

教学方法点燃人 265

INTEGRATED DESIGN

第七章

综合设计：促进深度学习

课程整体设计方面存在的问题 271

 一、缺乏系统设计的三种表现 271

 二、缺乏系统设计的三个原因 272

教学设计的三个思维　274

　　一、用户思维的要求和体现　274

　　二、系统思维的要求和体现　275

　　三、设计思维的要求和体现　277

课程系统化设计的五种方法　279

　　一、任务驱动法　279

　　二、问题贯穿法　280

　　三、案例连接法　282

　　四、场景设计法　283

　　五、要素建模法　283

课程的模块化"三维设计"　286

　　一、三维设计的具体要求　286

　　二、三维设计的时间规划　287

　　三、常用的八种导课方法　288

　　★　运用AI开发导课内容　290

　　四、常用的五种结课方法　293

　　★　运用AI做课程结尾设计　294

PREFACE
自 序

AI，让培训真正进入设计时代。

AI 的出现，尤其是 DeepSeek 等全新产品的不断涌现，对整个社会带来巨大的震动，对企业培训来说更是如此。

在历史的长河中，每一个时代的变迁都伴随着技术的飞跃，而 AI（人工智能）的兴起，正是我们这个时代的召唤。它如同潮水般席卷全球，影响着教育的未来发展。随着 AI 的融入，我们不再仅仅是顺应潮流，更是在驾驭趋势，开启一场教育领域的革命。

目前，AI 的应用风起云涌，大家非常享受 AI 带来的成果。但是在使用一段时间之后，大家发现 AI 好像也不那么"懂我"，它提供的内容也不那么"高质"，甚至有时候会让人觉得是在"一本正经地胡说八道"。在经历、体验过后，我们就必须"正视"AI 工具。

那么，我们应该给 AI 什么身份呢？做课程开发的培训师（讲师）基本上都要具备一个先决条件，那就是要做"内容专家"，这是不能变的。而在开发一门课程时，你通常会面临两种情况：第一种，知道自己要什么，有标准和要求；第二种，还没想好自己要什么，没有思路。基于这两种情况，我们想借助 AI 之手，就要给它两个身份。

第一种情况，在知道自己要什么的情况下，AI 就是我们的一个下属，执行我们的命令，为我们做事情，所以我们要准确地提出要求，它才能给我们更加符合要求的答案。

第二种情况，在不知道自己想要什么，没有思路的情况下，我们可以把 AI 当导师，向它咨询，让它给我们建议，提供相关的素材。因此，我们与 AI 的关系就是：AI 是执行者、建议者、智囊团，而我们是主导者、决策者，是为内容负责的人。

在《7 步成课：7D+AI 精品课程开发》这本书中，如何处理成熟的 7D 技术与年轻的 AI 之间的关系呢？

为了让新读者能更好地理解，我们先来解释一下什么是 7D。以学习者为中心，通过七步 design（设计）的方式来进行精品课程开发，简称 7D，包括主题设计、结构设计、内容设计、成果设计、材料设计、亮点设计和综合设计七个方面。7D 技术为精品课程开发提供了一套完整的操作系统，包括原理及理论、操作模型及流程、方法及工具，是"道—法—器"的完整融合。

我们依然倡导"以人为本"，相信自己的力量，所以，7D 是主线。我们先依靠自己的智慧做开发，最后提示大家根据自己的需要，有效地借助 AI，让内容更加丰富、更具创新性。所以，这本书读起来，过往的读者会觉得似曾相识，新的读者会觉得，没有一上来就看到 AI。这些都是正常的，因为我们相信"人一定是主导者"，我们要始终相信自己，运用 AI，超越 AI，绝不"依赖 AI，迷恋 AI"。

为了更好地运用 AI 工具，这里先整体跟大家介绍一下使用 AI 的核心技能，那就是我们要从原来使用百度、360 等搜索引擎的"搜索达人"变成"提问达人"，最核心的就是要学会向 AI 提问。而提问的关键就是要运用好"提示词"，这里依然分两种情况向大家做介绍。

| 自 序 |

在清楚自己要什么的情况下,对 AI 下指令

1. 描述任务

你可以通过描述背景、赋予角色、抛出问题、提出要求这几个提问要素,向 AI 下达任务(见图 1)。

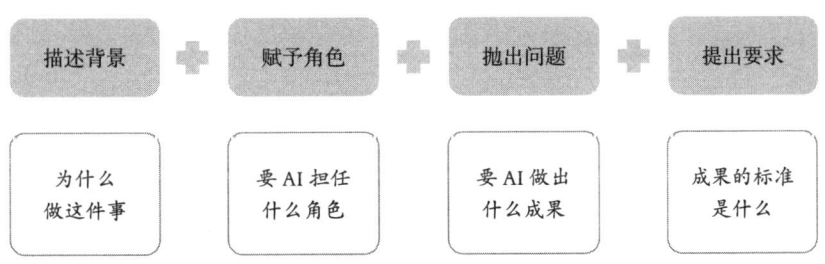

图 1 提问要素

如果你想要健身,你该如何对 AI 下指令呢(见表 1)?

表 1 提问要素和描述细节

提问要素	描述细节
描述背景	需要健身
赋予角色	资深的健身教练
抛出问题	提供一份健身方案
提出要求	1. 周期 3 个月 2. 运动和饮食都要涉及 3. 细化到每一天的安排 4. 尽量减少需要器械辅助的运动

2. 追问优化

根据你的指令,AI 会迅速提供一份内容。你可以根据自己的要求,对不满意的地方继续提出要求,让它优化。AI 的特点之一就是没有脾气,

任劳任怨，可谓"电子牛马"。所以你可以持续提问，直至得到自己想要的答案。

在不清楚自己要什么的情况下，向 AI 咨询

1. 用"魔法打败魔法"

当你不知道要什么，怎样向 AI 提问才能有更好的答案时，你可以先问 AI，如何提问，它才能理解你的意思，进而给出更好的答案。AI 就会给你建议，你按照它给的建议对它提问，也就是用 AI 的提示词或者提供的结构，给 AI 下指令，让它提供内容。

基本的话术：

> 我想在你这里获得好的答复，原本的提示词是"××"，你能不能提供一个更好的提示词，对你来说更容易理解我的意思，并能产生更好的结果？

我想在你这里获得更好的建议，原来的提示词是"请帮我制订一份健身计划"，你能不能提供一个更好的提示词，对你来说更容易理解我的要求，并产生更好的结果？

当然可以。为了更好地理解你的需求并制订出适合你的健身计划，你可以使用以下提示词——

• 我的健康状况：是否患有疾病，比如高血压、糖尿病等。

- 我的健身目标：比如增肌、减脂、提高耐力等。
- 我的健身经验：初学者、有经验、专业水平。
- 我可以投入的时间：每周几天，每天几小时。
- 我的健身偏好：喜欢的运动类型，比如跑步、游泳、力量训练等。
- 我可以使用的设备：家庭健身房、公共健身房、无设备等。
- 任何特殊要求：比如避免关节冲击的锻炼、需要在家锻炼等。

提供这些信息，可以帮助我更准确地了解你的情况，并为你制订一份合适的健身计划。

然后，你可以根据 AI 给的提示词，以及自己的个性化要求，继续问 AI，进行优化。

> 请帮我设计一份个性化的健身计划：
> 我的基本情况是：……
> 我的个性要求是：…… 　　　　　　　　　　【问】

2. 用"示例"启发 AI

有的时候，我们虽然不知道标准是什么，但是凭感觉认为有些内容做得很好，这个时候，就可以发给 AI，让它分析"好在哪里，有什么规律"，然后让它按照总结出的规律，完成你的任务。

7步成课:7D+AI精品课程开发

基本的话术:

我想做××事情,但是没有好的思路,我给你提供几个不错的示例,请你分析它们的特点,并提炼总结出来。

我想给自己的文章拟一个吸睛的标题,但是不清楚标准是什么。我给你提供几个标题,请你分析它们的规律,并提炼总结出来。

1. 奥卡姆剃刀——问题分析与解决
2. 六顶思考帽——让你思考有方向
3. 情境高尔夫——向下管理
4. 四招逆袭,让你实现拓客零突破
5. 7S互动式教学

根据这些标题的规律,一个吸睛的标题通常包括以下要素:

- 明确的价值主张:告诉读者他们能从文章中获得什么。
- 创新性:使用新颖的概念、比喻或模型来吸引注意力。
- 简洁性:尽量简短,避免冗长。
- 好奇心驱动:激发读者的好奇心,让他们想要了解更多。
- 结果导向:承诺具体的结果或解决方案。
- 数字和列表:使用数字和列表可以让内容看起来更有条理、更易于消化。
- 情感因素:触动读者的情感,比如使用"逆袭"这样的词来激发读者的斗志。

结合这些规律,你可以为自己的文章拟定一个符合这些原则的标题。

我的文章是关于基层主管沟通技巧的,请参照"明确的价值主张"和"好奇心驱动"两个特点,为我设计五个标题。

以上两种情况,是我们在运用 AI 的时候常用到的,书中就不再专门做公式的解读,而更偏向于实践运用,让大家参考与 AI 对话的结果。

现在 AI 已经融入我们的工作生活,国内各大平台也在不断推出 AI 大模型,而且更新速度特别快。但我们要避免"乱花渐欲迷人眼",不要贪图工具的多,而是要选择合适的,不断磨合。要提升自己的提问能力,让自己与 AI 成为一对有默契的搭档,共同创造优质的成果。

各种最新的 AI 工具不断涌现,并且还在持续迭代、快速更新,面对这样的各路"懂王",单纯拼知识拼内容已经落后,传统的课程开发与设计也应该变革:课程内容的开发借助 AI,课程教学的设计在融入人类智慧的基础上进行创新。

现在,企业培训行业真正进入设计时代。

7D+AI,就像给 7D 插上了一对翅膀,让它飞得更快、更高、更远。

THEME DESIGN

| 第一章 |

主题设计：

聚焦学习痛点

课程主题就像一门课程的方向,指导着课程内容的开发、教学方法的设计。课程主题一般包含两个方面:课程目标和课程名称。

从现在开始,按照任务驱动的方式,你可以给自己制订一个课程开发任务,"一边读,一边做",每个环节结束,本书都会有提示。你可以按照节奏,跟着本书设计自己的课程。

| 第一章 | 主题设计：**聚焦学习痛点**

主题设计的原则

在设计主题的时候，需要遵循三个原则：需求性、专业性、聚焦性。这三个原则之间也有一定的关系（见图1-1）。

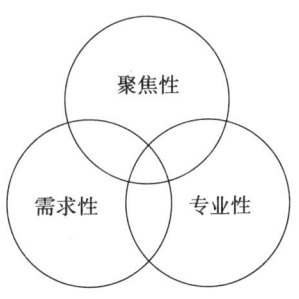

图1-1　主题设计三原则

一、需求性

首先要具备需求性。所选定的主题要有市场需求，不但商业课程要有市场需求，企业内部课程也要有内部培训需求，有市场需求的课程才有开发的必要性，未来才能有更多的机会发挥课程的价值。

> **案例：如何在长跑中保护膝盖**

有一次，在交通行业的一家企业内训师培训课堂上，在选课题的时候，有位培训师选择的是"如何在长跑中保护膝盖"，问他为什么想开发这门课程，他说是因为个人喜欢。他多年来参加马拉松比赛，平时也坚持长跑，积累了很多经验，想要分享。

但是，当问到他未来要去哪里讲这门课程的时候，这位培训师有些犹豫，对于企业内部是否有这种运动氛围，受众多不多，他也不太清楚。所以，这个课题就需要再斟酌。毕竟是企业内部组织的培训，要开发企业内部有需求的课程。

二、专业性

还要考虑开发者的专业性。开发者要有专业背景，要有足够的专业知识和经验积累，才能支撑这门课程。并不是市场什么火，就跟风做什么，这是经不起检验的。

对于专业，可以有两方面的理解：一是科班出身，学的是这个专业，当然，在某个领域有长时间的深入学习，有完整的知识体系也可以；二是有多年的专业岗位经验。

三、聚焦性

最后要注意聚焦性。只有聚焦，才能做到极致，包括对象聚焦和内容的聚焦。

　　一场好的培训，往往不在于讲得大而全，而要讲得小而精。因为培训时长有限，在有限的时间内，如果要讲好讲透，就要做到聚焦某一个板块、某一个点，才可能挖得更深。

需求调查的四个步骤

需求调查是课程开发的前提,只有了解了学员的需求,聚焦学员相关工作的痛点,才能更精准地提供课程内容。对学员需求的了解,通常需要四个步骤(见图1-2)。

图1-2 需求调查的步骤

一、聚焦对象

在动手开发一门课程之前,首先要思考一个问题:这门课程要给什么人群讲。不同人群的岗位任务不同、经验不同、面临的问题不同,这就会导致不同人群对同一个课题的关注点是不一样的,也就是痛点问题不一样。而一场培训,如果让诉求点不同的人一起参加,那如何才能兼顾?所谓众口难调,就是这个道理,这样做反而会引起各种不满。

> 案例：××产品介绍

有一次，在一家运营商的内训师课堂上，有一个课题小组想开发的是"××产品介绍"，当时就引起了现场的疑问。因为现场学员刚好分成两大群体，一个群体是公司的中后台人员，另一个群体是公司的前端销售人员，双方都提出了各自的需求。

前端销售人员说，关于这个产品，我们想听的是它的功能、价值、亮点、卖点等，关注的是这个产品怎么卖出去；而中后台人员说，我们关注的是这个产品是怎么来的，比如它的技术指标、研发过程等。

课程如何兼顾？如果在有限的时间内，对两大群体的需求都讲一些，那么最后双方的感觉就会是"隔靴搔痒，不过瘾"，没有解决他们的实际问题。

所以，先思考自己要开发的这个课题的受众，他们会不会因为岗位任务不同、层级不同，甚至接受的学习方式不同，产生很大的需求差别。如果会的话，建议先聚焦其中的一个群体。一旦受众清晰，课程内容、教学方法等就可以紧紧围绕受众面临的问题和关注点去设计。受众清晰就给课程指明了方向，让你更清楚怎么走。

二、收集问题

建构主义教学大师戴维·乔纳森说过：教学的根本目的就是让学习者学会用技术解决问题。培训也是如此。

那么，我们首先就要清楚，在将要开发的这个课题上，学习者存在的问题是什么。了解学习者的问题,也就是了解他们的需求。这样我们才能有针对性地提供解决方案,才能让学习者觉得课程是"有用的"。

关于课程需求调查的方法,同类书籍中相关的内容比较多,在《建构主义 7D 精品课程开发》中我也做了分析。我们会看到,不管采用哪种方式,最根本的目的都是了解学习者在工作中存在哪些问题,进而得出他们需要学习哪些内容,也就是了解内容层面大家的需求。我们可以按照以下三步来收集问题。

1. 从三个维度列问题

学习者需要掌握的内容,一般关乎三个方面:知识、态度和技能。我们可以将一门课程所涉及的内容变成"问题",从 what(内容)、why(意义)和 how(怎么做)三个维度进行收集。

what,包括含义、概念、规定等知识点。

why,这门课程主题的重要性、作用是什么,在课程对应的工作场景中,做某些工作的价值和意义是什么。

how,有哪些方法、工具、流程、模型、注意事项等。

2. 运用 AI 提供问题清单

有时候,我们可能因为经验不足或者单一,担心考虑得不全面,那么就可以借助目前比较强大的助手 AI 来进行问题补充。

那么,如何让 AI 提供问题呢?可以运用以下三方面的提示词(见图 1-3)。

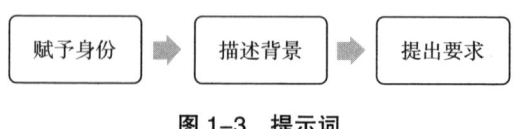

图 1-3 提示词

比如，我们想了解学习者，也就是某岗位员工在某个课题上存在的问题，可以先让 AI 模拟这个场景，进行精准的搜索。我们可以跟 AI 这样对话：

问：现在你是××企业××岗位人员，我会给你做一场关于"××"的培训，你可以告诉我在这个课题上，对应的工作中存在哪些问题吗？

AI：当然可以，作为这个岗位的员工，我常遇到的问题是……

问：很好，能把以上问题提炼成问题清单吗？

AI：以下是问题清单……

现在你是某快消品企业的新员工，我要给你做一场"新员工职场沟通技巧"的培训，请你思考在职场沟通方面，新员工有哪些常见的问题和困惑，然后列出问题清单。

- 如何快速适应并理解公司的沟通文化和期望？
- 如何克服与上级沟通时的紧张感和畏惧感？
- 如何在信息过载的情况下有效组织和传达关键信息？
- 如何在不确定的情况下主动与同事或上级沟通？
- 如何选择合适的沟通渠道来传递信息？
- 如何提高自己的倾听技巧，更好地理解他人的观点？
- 如何接受和处理来自同事或上级的反馈？
- 如何清晰、简洁地表达自己的想法和需求？
- 如何在团队项目中与不同背景和职位的同事有效沟通？
- 如何在忙碌的工作中找到合适的时间进行有效沟通？
- 如何理解和运用非语言沟通技巧？
- 如何妥善沟通和解决工作中的意见不合或冲突？

- 如何在工作要求和团队动态变化时调整沟通策略？
- 如何建立和维护职场中的人际关系？
- 如何快速学习和使用行业或公司的专业术语，以减少沟通障碍？

3. 优化并确认问题

AI 提供的问题清单，作为课程开发者，我们不能照单全收。我们应该将自己在第一步中列出的问题清单，与 AI 提供的问题清单进行对照，并结合学习者的岗位经验和企业的实际场景，选择可能存在的问题，列出新的问题清单。有些问题在学习者企业中不存在或者不属于所开发课题的范畴，就不需要保留。

比如上述问题清单中的：

- 如何在团队项目中与不同背景和职位的同事有效沟通？
- 如何在忙碌的工作中找到合适的时间进行有效沟通？

这两个问题，新员工在实际工作中不需要关注，可以在问题清单中删掉。

三、整理问题

收集了问题，了解了情况，接下来就要对问题进行分类整理，了解问题的不同类型，然后进行分析。这时候往往会出现问题太难，培训解决不了的情况。在有限的培训时间内,我们要选择能解决的问题。

我们要对问题进行分类,可以把问题分为良构问题、劣构问题和病构问题。我们用 A 代表学习者的现状,B 代表要达到的目标,C 是 A、B 之间的差距,也就是需要解决的问题,即实现路径(见表 1-1)。

表 1-1　培训中问题的分类

问题类型	A 现状	B 目标	C 路径	方案
良构问题	清楚	清楚	清楚	自学:学员自己学习
劣构问题	不清楚	清楚	不清楚	培训:培训师及学员共同商讨
劣构问题	清楚	不清楚	不清楚	培训:培训师及学员共同商讨
病构问题	不清楚	不清楚	困难	咨询:更多的资源

良构问题,对于学习者来说是相对比较简单的问题,比如某些知识、理论、规章制度等,这些内容有明确的学习途径、学习资源来获得。

劣构问题,是相对比较复杂的问题,学员自己很难找到解决方案,或者没有现成的答案,培训师需要借助自己的经验,引导学员一起寻找解决方案。比如:如何做好大客户的管理、如何提升业绩等。

病构问题,是更为复杂的问题,很多要素不明朗,通过一堂培训不能解决,往往需要大量人力、物力、时间,通过咨询项目的方式才能解决。

我们对这三类问题的整理建议就是:尽量减少良构问题,因为学员可以自学解决;保留劣构问题,因为这可以更大程度地发挥培训师的价值;去掉病构问题,因为课堂上解决不了。

小花絮

课程为什么不受欢迎?原因很多,如果从内容的难易程度来看,可能存在以下情况:

第一,课程内容太简单,对于学习者来说可能属于良构问题。这些问题他们自己可以解决,如果培训师过多纠缠于这些简单的问题,学习者会觉得这种培训是在浪费时间,因而离场。

第二,课程内容难度太大、太深奥,对于学习者来说可能是病构问题。他们听不懂,当然就不愿意学习,因而离场。

点燃学习者的根本是激活旧知,因此需要了解学习者的现状。这是点燃学习者的基础,也是课程开发的基础。培训师在培训之前要先了解学习者的状况,选择劣构问题作为课程内容,同时选择与学习者相关联的案例,从而激活学习者的学习热情,帮助他们更好地掌握新知识。

四、分析问题

通过对问题的整理,删除简单的良构问题和复杂的病构问题,留下劣构问题,而劣构问题也不是都要解决的,要在有限的时间内聚焦,所以需要再对问题进行分析。如何分析呢?可以根据五个要素来进行(见图1-4)。

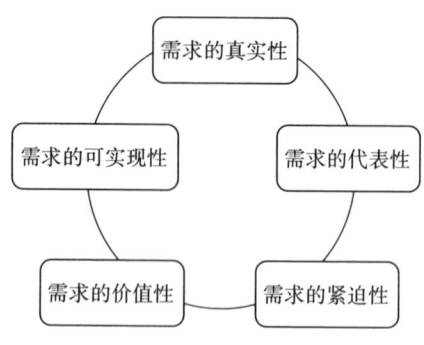

图1-4 问题分析的五要素

1. 需求的真实性

我们要看学习者的需求是不是真实存在。学习者是真的需要这方面的学习，还是为了适应公司发展或者满足领导的任务要求来学习？如果学习者本身不一定需要学习某门课程，就说明这门课程没有触及学习者的真正痛点。学习者的主观学习愿望不强，学习效果是很难保证的，所以我们必须确保课程内容是学习者的真实需求。

2. 需求的代表性

在前期调研阶段，采用访谈式抽样调查可能会存在一个问题：虽然培训师希望抽样人员具有代表性，但是在现实中他们更多是代表个人，并不能代表群体。课程内容一定要代表某个群体大多数人的需求，也就是抽样调查要考虑到同层级人群都有的需求。

3. 需求的紧迫性

培训对象往往在工作、生活中会有很多问题。有的问题可以缓一缓，慢慢解决；有的问题已经影响到工作的开展，必须尽快解决。企业内部培训，大多是1个小时，最多3个小时，在1~3个小时的时间内要聚焦问题，也就是一定要找到最迫切需要解决的、最影响工作开展的、需求最大的问题。

比如新员工培训，需要培训的内容很多，企业文化、办公流程、发展规划、组织架构等，但是当下最迫切需要解决的是让新员工了解企业文化，成为理念合格的员工。那就先解决这个问题，其他方面的问题可以在后面解决。

4. 需求的价值性

我们可以通过访谈来获得反馈，并在得到的反馈中找到那些价值性更大的。

价值性可以从两个角度来讲：其一是课程内容对学习者本人的价值，其二是这些内容对公司的价值。培训既要解决学习者（用户）本身存在的问题，也要解决企业（客户）存在的问题。哪些问题对于企业来说最重要？哪些问题对于员工来说最重要？需要两者兼顾才能有更大的价值。

5. 需求的可实现性

可实现性，指能够在有限的时间内获得期待的结果。

通常，尤其是企业内训师做课程开发的时候，主观愿望非常好，希望通过这门课程解决公司的问题，帮助公司发展，帮助员工提高能力，等等。这是好事，但是必须清楚地认识到，一门课程的作用是有限的，如果想要在短时间内产生更大的价值，就要想到可实现性。

在建构主义 7D 精品课程开发或教学中，通常按照以上五个要素继续对调研问题进行删除，答案如果是否定的，就要删除。不是真实的、不具有代表性的、不紧迫的、没有价值的、实现不了的需求，都删除。

确定课程主题

课程主题就像一门课程的方向,指导着课程内容的开发、教学方法的设计。课程主题一般包含两个方面:课程目标和课程名称。

一、明确课程目标

通过一步步分析,最后保留下来的问题,就是课程中需要重点解决的问题,也就是课程需要实现的目标。

课程目标的提炼和呈现,能让学习者清晰地知道自己要做什么,以及将要收获什么,学习了这门课程以后会有什么样的改变和提升。

课程有目标,才能衡量教学效果。明确课程目标,是为了便于课程效果的检验。依照课程目标的描述,可以检测学员是否真的学到了知识。

1. 课程目标的要求

课程目标是对课程关键点的提炼、对重点内容的阐述,要明确、具体、可衡量。同时,要站在学员的角度去分析和描述学习课程的收获是什么,学习课程之后能达到什么状态。

2. 课程目标的结构

布鲁姆教育目标分类法是一种教育的分类方法。教育目标可分为三大领域：认知领域、情感领域和动作技能领域。对应了培训内容的三大类别：知识、态度和技能。根据布鲁姆教育目标分类法，不同类别的知识所运用的动词标准是有所区别的，根据学习的层次变化，对目标的要求也逐步提升（见表1-2）。

表1-2 布鲁姆教育目标分类法

内容类别	教育目标	释义
认知领域（知识类）	知道、说出、写出、标明	所获的实际信息
	领会、解释、归纳、比较	把握知识的意义
	应用、论证、举例说明	知识应用于新情境
	分析	知识分解、找联系
	综合、编写、设计	整合知识、创造能力
	评价、评定、证明	对价值做出判断
情感领域（态度类）	接受、注意、觉察	愿意注意某事件或活动
	反应、主动参与	获得满足
	评价、欣赏	对知识做态度和信念上的肯定
动作技能领域（技能类）	直觉、观看	通过感官，感受动作
	模仿、演示	重复被显示的动作
	操作	独立操作
	准确	精确、无误地操作
	连贯	按规定顺序调整行为
	习惯	自动或自觉做出动作

在成人培训领域，学习目标的表述没有这么复杂，通常是结合知识、态度、技能三个方面，表述的结构是"动词+……"（见表1-3），比如：

"理解……""认识……""转变……""提高……""改善……"。

表 1-3 目标示例

目标描述	备注
• 掌握课程结构设计四步流程 • 独立规范操作检验设备 • 阐述数据系统故障处理流程 • 掌握大客户谈判技巧 • 理解企业文化对个人的价值	动词 + 知识点,动词表示对后面知识点的学习程度
• 能够掌握危险源辨识的原理 • 能够运用"能量源法"对工作场所进行危险源辨识 • 能够运用"工作危害分析法"对作业活动类风险点进行危险源辨识 • 能够运用"风险矩阵法"对辨识出的风险进行评价,结合实际进行风险等级判定	将知识点应用到对应的工作场景中,这种描述更加全面

二、设计课程名称

1. 课程名称的规范化要求

明确了课程目标后,就可以确定课程名称了。标准的课程名称需要包含两个方面:对象、内容。

当然,课程对象不一定非要在课程名称中显示出来。有的课程名称就隐藏了对象,比如"建构主义 7D 精品课程开发",这个名称中并没有对象,其实是隐藏了对象——培训师、课程开发者等;"五步搞定大客户",隐藏了对象——销售团队,市场部门、客户服务部门员工,企业管理人员等。

但是,通过课程名称,我们要让人能看出课程内容大概是什么,能知道应该是哪些人可以参加培训。什么人，做什么事，即什么人参加什么方面的培训，要说清楚。

2. 课程名称的呈现方式

在符合对象、内容标准的基础上，课程名称通常有三种呈现方式。

第一种，单标题，直接呈现"对象+内容"。比如"基层干部五项管理技能""内训师授课技巧""高效领导的委派攻略"。

第二种，双标题，也叫"两段式"。可以一句是对象，一句是内容，比如"安全七戒——施工现场的安全管理""开启职场沟通之门——新员工入职培训"。也可以是"广告词+内容"，比如"不忘初心——党员干部的党性教育""你的形象无价——销售精英的形象塑造"。

第三种，三标题，也叫"三段式"。包括广告词、内容、对象。比如"最优秀的人培养更优秀的人：导师七剑——企业（领导力、内训师、业务、科研）导师的核心技术"。

一般来说，课程名称的字数不宜太多。比较长的课程名称，可以进行简化，这样更容易让人记住。

课程名称要不断优化，形成亮点，才能脱颖而出。本书第六章对此有详细阐述。

如果是系列课程，课程名称在设计时还可以细分。

第一类，课程对象非常明确，同时课程内容很多，那么可以根据内容进行分类，变成一系列课程。

案例：新员工入职培训系列

我们给一家保险公司做新员工入职培训方面的课程开发，引导他们做了一系列课程，这一系列课程形成了一个整体：公司制度、企业文化、公司发展史、职业生涯规划、财务管理等。这就是"新员工入职培训系列"。

第二类，课程主题一样，对象层级比较多，那么可以按照对象进行设计。比如"团队协作"这门课，不同员工层级的课程目标、内容侧重点、授课方式，肯定要有所区别，所以要进行细分，如团队协作之新员工、团队协作之基层主管、团队协作之中层干部、团队协作之高层领导等。

案例：对象区分，主题聚焦

在辅导一家销售企业做课程开发的时候，一位培训师给出的课程题目是"打造高销量门店——门店陈列技巧"，内容非常清晰。但是在课程开发中，我们发现课程内容既有店长需要掌握的，又有店员需要掌握的。因为工作内容和岗位职责的不同，店长在陈列方面很少有具体的基础动作，更多是在规划、分工、检查等方面的工作，而店员更多的是具体的操作工作。两个群体需要掌握的技能是有区别的。

所以，我们建议这位培训师把对象分开，进行内容调整。最终形成了两门课程："打造高销量门店——店长必备陈列方案""高销量门店店员必备陈列技巧"。

运用 AI 设计课程名称

我们如果对自己设计的课程名称不是特别满意，也可以借助 AI 进行修改。这个时候我们可以向 AI 提问，操作步骤如下：

7步成课：7D+AI精品课程开发

• 描述背景：向 AI 描述课程的培训对象、培训内容。

• 提出要求：提出名称的格式要求和想要的呈现形式，以及需要提供的个数。

• 提供样例：如果有比较好的名称示例，可以提供给 AI，让它仿写。

• 交互优化：AI 提供出标题后，如果没有合适的，还可以继续提问，或者就某一个标题继续优化。

> **问**
>
> 我在设计一门课程，课程主题关于时间管理，培训对象是班组长，课程中提供了四种方法，帮助班组长从四个维度入手，有效规划工作，提高工作效率。请你为这门课程设计标题。标题需要包含培训对象"班组长"，以及培训主题"时间管理"。标题采用"三段式"，包括广告词、内容、对象，比如"最优秀的人培养更优秀的人：导师七剑——企业导师的核心技术"，请提供 10 个标题。

> **AI**
>
> 10 个标题如下——
>
> 1. 引领时间的艺术：高效班组长的时间管理秘籍
> 2. 班组长的效率引擎：掌握时间管理的四大法宝
> 3. 时间的指挥官：班组长时间管理的精进之道
> 4. 班组长的效率革命：时间管理的四维策略
> 5. 班组长的时间管理魔法：解锁高效工作的秘密
> 6. 班组长的效率加速器：时间管理的四重奏
> 7. 班组长的时间管理智慧：打造高效团队的四步法
> 8. 班组长的时间优化术：四维时间管理的艺术
> 9. 班组长的效率提升课：时间管理的四项核心技能
> 10. 班组长的时间掌控术：高效工作的时间管理法则

| 第一章 | 主题设计：**聚焦学习痛点**

问 我觉得 2、4、5 这三个标题比较贴切，但文字再精简一下。

AI
1. 效率引擎：班组长的时间管理法
2. 时间革命：班组长的四维策略
3. 时间魔法：班组长的效率提升

本章小结

一、重点知识回顾

1. 需求调查：通过聚焦对象—收集问题—整理问题—分析问题四个步骤，逐步了解与明确学习者存在的问题。

2. 目标确定：根据学习者存在的问题，明确课程需要实现的目标。目标的格式：动词＋宾语，要求 3~7 条，目标清晰、可衡量、可实现。

3. 名称设计：课程名称要表述清晰，规范的格式是：对象＋内容。谁来学习，学习什么内容，让人一目了然。

4. 借助 AI，对课程名称进行创新设计。

二、作业

1. 通过需求调查四个步骤，了解学习者的需求及问题。

2. 根据学习者存在的"问题"，明确课程的目标。

3. 用规范格式设计课程名称：对象＋内容，对象、内容都要有所聚焦。

4. 当你不太确定的时候，借助 AI 来完善。

STRUCTURE DESIGN

| 第二章 |

结构设计：

规划课程框架

开发课程就像盖房子，首先要明确房子的整体定位，是别墅、平房，还是高层。主题明确之后，就要搭建房子的框架结构，考虑什么样的结构更合理、更稳固，让住的人体验更好。这些在建筑行业都是有一定的标准和相应的技术的。课程也是一样，要有完整的框架，科学、标准的结构，课程才有逻辑性。

| 第二章 | 结构设计：**规划课程框架**

课程结构设计的原则

无论多长时间的课程，其内容都应该是整体连贯的。让课程的所有内容完整呈现，需要用什么原则进行课程结构设计？

课程结构设计需要遵循三个原则：以学习者为中心、任务驱动和聚焦问题（见图2-1）。

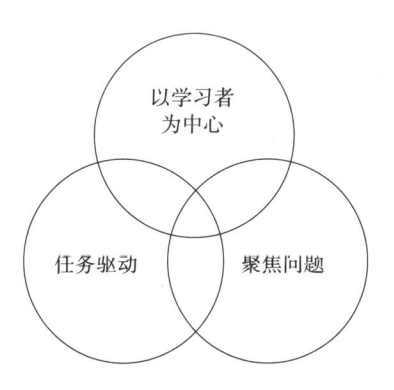

图 2-1 课程结构设计的三大原则

▎一、以学习者为中心

学习者是课程设计要考虑的主体。我们应始终围绕着学习者，关注他们在实际工作中要解决的问题，针对他们的实际工作内容来设计课程。

当然，我们还要考虑不同的学习者基础不一样，有着不一样的需求。这就是以学习者为中心，而不是以内容为中心。以学习者为中心，是建构主义的核心要素。

二、任务驱动

一门课程的内容很多，用什么方式将其连成一个整体呢？

我们来看一些经典影片。"指环王"系列、"战狼"系列、"流浪地球"系列，以及"复仇者联盟"系列电影，它们都有一种连接方式，让影片的内容形成一个整体。

拿《流浪地球》来说，影片讲述了科学家们发现太阳急速衰老膨胀，包括地球在内的整个太阳系将被太阳吞没，为了自救，人类将开启"流浪地球"计划，试图到另一个星球寻找新家园。在这个过程中，发生了一系列故事，而这些故事是被整个任务串起来的，这样影片就连成了一个整体。

这就是任务驱动。任务驱动是人们日常生活中做事的基本逻辑。学习者的日常工作，可以用一个任务来带动。把日常工作有效地转接到课程中就是任务驱动，这样可以激活学习者的旧知，便于其理解新知。

三、聚焦问题

在讲课程主题设计的时候，我们做了访谈大纲，聚焦了学习者存在的一些问题。在设计任务的时候，要聚焦这些问题，并根据解决这些问题所需要的知识、技能来设计。

聚焦问题解决也是建构主义的核心要素，是贯穿本书的主要内容。

案例："金科冠军"之路

"我有好课程"大赛的"金科奖"全国总冠军获得者、长安汽车内训师赵老师，在角逐"金科奖"的时候，抽到的考题是"沟通"。

"沟通"是个很大的话题，很难设计出特色。经过讨论，我们按照结构设计的三个原则开始分析。

我：赵老师，我们首先要确定课程为哪些人服务。你在工作中认为哪些人的沟通能力需要提升？

赵：我接触到的几类人有新员工、党群工作者、中基层员工。

我：那我们首先确定一类对象。你选哪类？

赵：我选党群工作者吧。

我：那么，党群工作者还可以分类吗？

赵：嗯，还可以分为组织委员、宣传委员、工会委员、团委委员等。

我：如果要给党群工作者做培训的话，你选哪个人群呢？

赵：其实新任团干是最需要提升这方面能力的（年轻、经验少），而组织委员都是老员工了，在这方面问题不大。

我：好，如果说这些人沟通能力不足，那肯定会体现在日常的工作中，你能不能想一个具体的任务，覆盖他们需要提升的几项能力？

赵：能力不足，是很分散的点，他们的工作也很多，如何串起来呢？

我：我们要把"问题集中化"，刻意把体现几项能力的工作设计到一起。当然，不可能把所有技能问题都设计进去，最好先找到最关键的几个问题。

赵：我想想，他们最关键的问题就是语言表达逻辑不清、任务下达流程不清楚、不懂得换位思考、与员工出现冲突后不知如何处理。

我：那在他们的日常工作中，有哪个事件可以同时覆盖这些问题？

赵：嗯，有一件事可以把这些都设计进去。我们每年都会组织员工参加马拉松，这需要党群工作者来动员、组织。

我：现在，大任务是动员更多员工报名参加马拉松。那么，为了完成这个任务，又有哪几个关键环节呢？

赵：哦，那就需要拟通知、开动员大会、异议处理等。

我：那是不是能把刚刚聚焦的几个问题设计到这些环节中？

赵：可以的。每个环节体现1~2项能力，他们通过完成这些环节，可以让能力得到训练，技能得到提升。

于是，"新任团干沟通能力提升五部曲"课程诞生了。经过一晚上的团队共同研讨和精心设计，第二天赵老师把课程精彩地展示出来，最终获得了大赛最高奖。

课程开发也是任务驱动的。开发一门精品课程，在完成这个任务的过程中会遇到一些问题，解决了这些问题，才能完成任务。

设计课程结构

我们了解了设计课程结构的整体原则，那么如何将课程内容进行结构化设计呢？

在涉及结构环节的时候，培训行业大多数采用的是基于金字塔原理的结构化设计，并以思维导图的方式进行。

《金字塔原理：思考、表达和解决问题的逻辑》的作者是麦肯锡咨询公司史上第一位女性咨询师，她把麦肯锡做咨询项目及人们日常思考事物的逻辑用一个非常形象的词——"金字塔"描述出来。

关于金字塔原理，相关的书籍、资料及课程非常多，本书不再赘述。

我们开发课程和指导学员开发课程的时候，设计课程结构运用的也是金字塔原理，基本操作要求是：从上到下、以上统下（抽象在上，具体在下）、横向并列，以及 MECE 原则（Mutually Exclusive Collectively Exhaustive，指无遗漏、无交叉，也就是相互独立、完全穷尽、不重复），如图 2-2 所示。

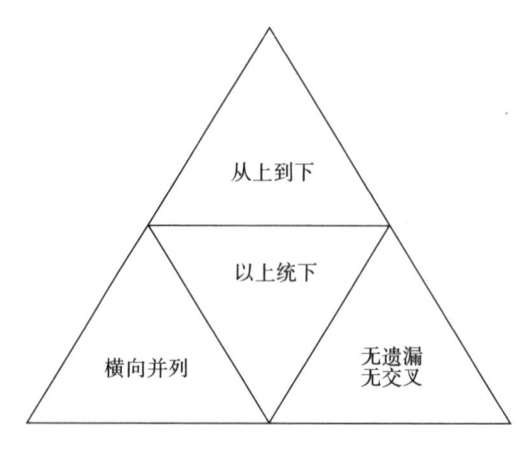

图 2-2　金字塔原理

（金字塔图：从上到下、以上统下、横向并列、无遗漏无交叉）

以金字塔原理作为基础，根据课程本身的特点，规划出课程结构设计的完整流程、方法和工具。课程结构设计的四步流程，如图2-3所示。

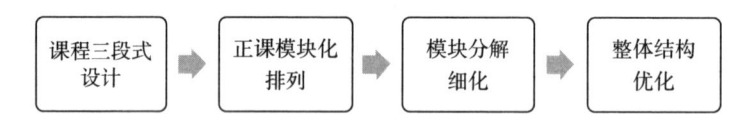

课程三段式设计 → 正课模块化排列 → 模块分解细化 → 整体结构优化

图 2-3　课程结构设计的四步流程

一、课程三段式设计

记得上初中的时候，老师告诉我们，一篇精彩的文章，无论什么体裁都应该包含三个要素：凤头、猪肚、豹尾。运用这样的方式，能够激活学习者的旧知，从而让学习者更好地学习。一堂精彩的课程，也应该做到这一点。

在开场、中间和结尾都要有设计，称为：导课、正课、结课。这三部分要起到相应的作用，导课要能吸引学员，引起学员对课程的重视；正课，就是课程的主要内容，要做教学设计，让学员愿意持续学习；结课，要起到强化学习、余音绕梁的效果。三段式设计如图 2-4 所示。

```
一、导课设计        二、正课设计        三、结课设计
 •点燃引线          •持续燃烧          •强化效果
```

图 2-4　三段式设计

本章主要讲正课结构设计，关于导课和结课的具体方法，在本书第七章中会有详细介绍。读者可以结合起来阅读。

二、正课内容模块化排列

正课内容是课程的主要内容，对这部分内容要进行结构化的梳理，包括两个环节：第一环节是正课核心内容的开发，第二环节是对这些内容进行科学的模块化排列。这两个环节是课程结构设计最关键的环节。在我们参与的课程开发项目中，这两个环节占用的时间比重最大，对学员的挑战也最大。但是一旦这里获得了突破，就可以融会贯通，开发更多其他课程。

1. 正课核心内容开发

正课核心内容是整门课程的主体部分，是解决学员痛点、达成学习目标的主要部分。这里指的是正课中的一级内容。

我们一直在强调，课程开发者首先要是内容专家。开发者如果不是内容专家，是难以开发出课程内容的。

课程内容往往源自开发者已有的知识和经验，也可以称之为"理论与实践"，本书中提到的"经验"是统称。在课程开发的时候，我们需要在过去的经验中萃取最优质的内容，作为课程核心内容。实际上，在课程名称、案例、学习活动、创新等环节，都需要萃取。

那么，开发正课的核心内容，如何萃取呢？有以下几个思路：

（1）在前期调研中获取内容

前期调研得来的信息是课程内容非常重要的部分，也正是体现以学习者为中心的对症下药。前期调研的各种问题是"对症"，调研后提出的解决方案就是"下药"，这就是课程的核心内容。

在培训行业中，往往会出现不做调研就开发内容的情况；也出现过调研诊断与课程内容不匹配的情况，调研是调研，内容是内容，这样的调研仅流于形式。

案例：管理层培养项目

我们团队在给某著名轮胎企业做管理层培养项目时，客户给我们提出了一个要求：希望将调研的内容融为课程的内容。我们对此感到很奇怪——这本来就是应该的，为何要提要求？原来他们去年做过一个类似项目，当时培训机构的人做了很多调研访谈，他们都积极配合，并反馈了很多信息。但是正式上课的时候，他们发现，调研访谈的内容根本没有在课程中得到体现，他们备感失望。所以，他们在本次项目中才提出这样的要求。

（2）运用个人经验

个人经验是开发的基础，因此在确定课程主题的时候，对于培训师有两个硬性要求：针对该主题要有系统的理论体系，同时还要有丰富的实践。企业内训师更应该如此。

前面提到的调研访谈，其实就是根据经验提出问题，所以，对培训师也有内容专家的要求，培训师如果不懂内容，根本提不出问题。

（3）利用共创经验

个人经验总是有不足，而且很有可能是片面的。从这个角度讲，每一个人都是盲人摸象。要看到全象，只有团队共创。这也是建构主义倡导共创的原因。

在我们参与的企业内训课程开发中，大多数情况下，我们都建议几个学员共同开发，充分发挥大家的经验，以确保课程内容的正确性、有效性。而且，内训课程是需要不断传承的。

> **案例：用"头脑风暴法"共创**
>
> 在课程开发工作坊中，我们通常采用快速的"头脑风暴法"共创。在设计课程正课的时候，由组长负责提出主要内容，小组伙伴提出意见和看法，大家一起讨论，共同决定课程的内容。
>
> 同时，在结构设计这个环节，我们通常还采用"全员共创"的方式，由某个小组代表上台"说课"，对课程主要内容进行介绍，现场所有伙伴采用"多对一"方式，提出自己的看法和建议，大家共同优化课程，确保课程的专业性。

（4）查阅搜索相关资料

相信每一个培训师都会采用这样的方式，通过书籍、网络收集相关内容，然后优化萃取。在 AI 工具面世之前，这可能是最常见的方法。

（5）运用 AI 开发内容

AI 工具可以帮助培训师快速获取课程的主要内容。AI 能够快速获取庞大数量的经验，很多时候完全超越个人经验和团队经验。可以说，AI 是培训师强有力的助手。

运用 AI 开发正课内容，关键环节还是"提问"。

> 【问】我要开发一门课程，主题是"班组长的角色认知"，对象是班组长，时长一天，请问核心内容包括哪些模块？

> 【AI】开发一门针对班组长的"角色认知"课程，旨在帮助班组长明确自身职责、提升管理能力、增强团队凝聚力，以及促进个人与组织的共同发展。以下是为期一天课程的核心内容的模块建议。
>
> 1.课程引入与班组长角色定位
>
> 开场致辞：简短介绍课程目的、日程安排及期望成果。
>
> 班组长角色的重要性：阐述班组长在企业管理体系中起桥梁作用，是连接上级与基层员工的关键角色。
>
> 角色认知初探：通过案例分享、小组讨论等形式，让班组长自我反思并初步认识自身角色的多维度性（如领导者、协调者、执行者等）。
>
> 2.班组长的职责与权力
>
> 明确职责范围：详细讲解班组长的核心职责，包括但不限于生产管理、质量控制、团队建设、安全监督等。
>
> 合理行使权力：探讨班组长拥有的正式权力（如决策权、奖惩权）与非正式权力（如影响力、威信），以及如何有效、公正地

运用这些权力。

3. 高效沟通与协调能力

沟通技巧：教授有效的倾听、表达、反馈技巧，以及处理冲突和敏感话题的方法。

跨部门协作：强调班组长在促进部门间沟通与合作中的关键作用，分享成功案例与策略。

情绪管理：引导班组长学会自我调节情绪，保持冷静客观，有效应对工作压力。

4. 团队建设与领导力发展

团队愿景与目标设定：指导班组长如何与团队成员共同设定清晰、可达成的目标，并激发团队动力。

激励与认可：探讨不同员工的激励需求，学习运用正面激励、个性化认可等手段提升团队士气。

培养下属：分享辅导下属、促进成长的方法，强调"授人以渔"的重要性。

5. 问题解决与决策能力

问题识别与分析：教授系统思考、根本原因分析等工具，帮助班组长快速定位问题。

决策制定：讲解理性决策、快速决策的原则与技巧，平衡风险与机遇。

执行与监控：强调决策后的有效执行与过程监控，确保目标达成。

6. 自我提升与职业规划

持续学习：鼓励班组长保持学习热情，关注行业动态，提升专业技能和管理水平。

职业规划：引导班组长设定个人发展目标，了解晋升通道，规划职业路径。

反思与总结：课程尾声，组织班组长进行个人反思，总结学习收获，制订未来行动计划。

7.互动环节与实战演练

角色扮演：模拟真实工作场景，让班组长在模拟中实践所学技能。

小组讨论：针对特定议题，分组讨论并分享见解，促进思维碰撞。

Q&A：预留时间解答班组长在实际工作中遇到的问题，提供个性化建议。

看得出来，它是做了一个课程大纲，而我们在这里只需要一级目录，因此可以继续提问。

我只需要一级目录，也就是班组长的核心模块。

以下是"班组长的角色认知"课程的核心模块的小标题，简洁明了。

1.班组长角色定位与重要性

2.职责与权力认知

3.高效沟通与协调能力

4.团队建设与领导力发展

5.问题解决与决策能力

6.自我提升与职业规划

实际上，这六个模块还存在很大不足，除了"班组长角色定位与重要性"这一条，其他五条感觉是通用的，并不是针对班组长这个群体定制的内容。因此，培训师可以结合自己的专业，以及调研情况，对这六个模块进行优化，做出核心内容，即一级内容。

2. 核心（一级）内容排序

整理出来的知识点往往比较散乱，如何才能系统地呈现给学员？这时就可以运用任务驱动的方式。我们可以回到课题对应的工作任务，根据任务的推进，按照一定的逻辑将它们划分为几个模块（或部分），并对模块进行排序。课程正课模块，同一层级的内容主要有以下四种逻辑关系，如图 2-5 所示。

| 时间推演式 | 递进关系式 | 空间顺序式 | 模块并列式 |

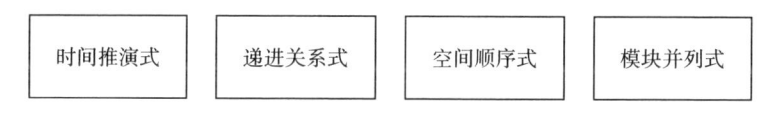

图 2-5 核心模块的四种关系

（1）时间推演式

按照事物发展的时间顺序来组织内容，从过去到现在、从现在到未来，或者操作一件事情，先做什么再做什么等，适用于需要展示事件发展过程的情况。

比如，在讲解一个产品从设计到上市的整个流程时，可以按照时间顺序，先介绍市场调研，然后是产品设计，接着是生产制造，最后是市场推广和销售。

（2）递进关系式

按照逻辑上的递进关系来组织内容，每个模块都建立在前一个模块的基础上，适用于需要展示概念并逐渐深入或复杂化的情况。

比如，在讲解沟通技巧的时候，要先让学员知道沟通有哪些场景，有什么原则，然后在原则的指导下再学习和练习沟通技巧。当然，也可以是知识由易到难，或者知识载体的由远及近，如先国家层面，再到企业层面，最后到个人层面。

时间推演式和递进关系式有些相似，都是先后顺序。但是时间推演式是单纯的先后关系，递进关系式在内容上有递进成长、层级递增的含义。有的时候两者有结合，但是也有区别。

案例：鹰隼部落百城万师计划

"鹰隼部落百城万师计划"是湛卢坊教育科技公司（简称"湛卢坊"）推出的培养职业培训师的计划。在讲授这个计划的时候，分为两个部分：第一个部分"鹰隼部落发展历程"，按照时间推演式，介绍鹰隼部落从成立到现在的几个时间节点；第二个部分"鹰隼部落发展规划"，将鹰隼部落伙伴的发展分为三个阶段——初级阶段是"雏鹰"，中级阶段是"雄鹰"，高级阶段是"金鹰"，这就是递进关系式。

（3）空间顺序式

按照空间位置的顺序来组织内容，适用于需要描述物理布局或地理位置的情况。

比如，在讲解一个工厂的运作时，可以按照空间顺序，先介绍原材料的接收区域，然后是生产加工区，接着是质量控制区，最后是成品的存储和发货区。

（4）模块并列式

将内容分为几个独立的模块，每个模块都是一个完整的主题，模块之间是并列关系，适用于内容相互独立但又属于同一主题的情况。

比如，在讲解公司的组织结构时，可以将不同的部门（如财务部、人力资源部、市场部）作为并列的模块，分别介绍每个部门的职责和工作内容。

模块并列式与前面三种结构是不一样的。前面三种结构，模块之间有内在的关联，而模块并列式，各个模块之间没有直接的关联，但都在同一个主题之下，所以放在一起。

我们也可以运用 AI 来排序。

在运用 AI 提供核心内容，并且进行优化后，对提炼出的一级知识模块，还可以让 AI 进行排序。当然，这对 AI 是个挑战。这背后涉及非常专业的教学理论。一般情况下，AI 的排序并不一定科学。所以，AI 给的只是初步排序，我们要根据核心模块的这四种关系进行优化。

正课核心内容的开发是结构设计中最有挑战性的环节，在课程开发项目中，这个环节花的时间很长，很考验培训师的专业能力。

借助 AI 技术开发课程，如果培训师在自己的专业领域专业性不够，无法对 AI 提供的内容进行评判、优化和萃取，那么这个课程实际上是 AI 开发的，与培训师无关。这样的课程谈不上开发，更谈不上原创，一旦遇到真正的内容专家就会出问题。所以，再次强调：精品课程借助 AI，高于 AI。

三、核心模块逐级分解细化

结构设计中挑战最大的一级模块做好了，接下来就是模块的细化。

我们需要继续梳理各个模块内容，进一步细化，将每个模块分解成小知识点，把核心内容全面展示出来（见图2-6）。我们可以用三种结构模型把知识点呈现出来。

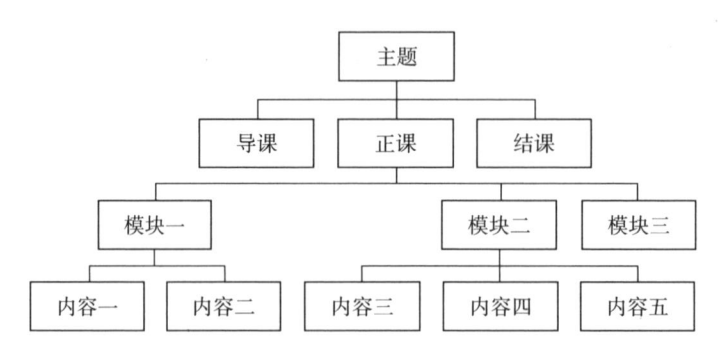

图2-6 课程核心模块分解

1. 用三种模型细分结构

（1）第一种模型：KAS模型

KAS模型是最经典的一种方式，是人类认识事物的基本逻辑：是什么，有什么用，怎么做。

K是知识（knowledge），包括概念、含义、内容、知识点等。它对应的是what：内容是什么，含义是什么，概念是什么。

A是态度（attitude），包括认识、看法、意义、价值等。它对应的是why：为什么，有什么意义，有什么价值，有什么作用。

S是技能（skill），包括方法、技巧、工具、流程、模型等。它对应的是how：怎么办。

很多人习惯把KAS模型叫作ASK模型，字母的先后顺序没有关系，只不过是KAS更容易记忆，刚好对应"知识""态度""技能"的习惯性表达。

在运用这种模型的时候，要先看课程的时长，如果是1个小时的课程，那就是最容易分解的，用 KAS 划分知识、态度、技能，如图 2-7 所示。

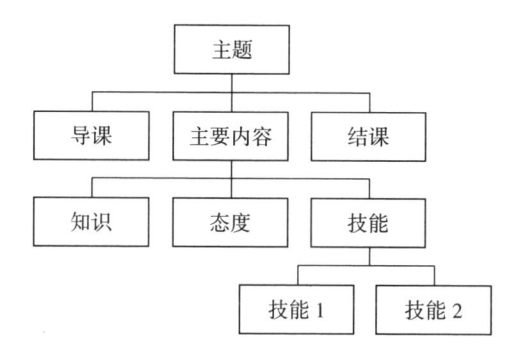

```
            主题
    ┌────────┼────────┐
   导课    主要内容    结课
           ┌──┼──┐
         知识 态度 技能
                 ┌──┴──┐
               技能1  技能2
```

图 2-7　KAS 结构图

第一步是课程的标题。第二步是整体的三段式，导课、正课和结课。正课分为三个部分：知识是什么，态度有什么用，技能如何做。而且，技能又进行了细分，说明这门课程以技能为主，这也是课程开发最常见的思路。

比如，"企业高管战略管理"课程的结构就是（见图 2-8）：

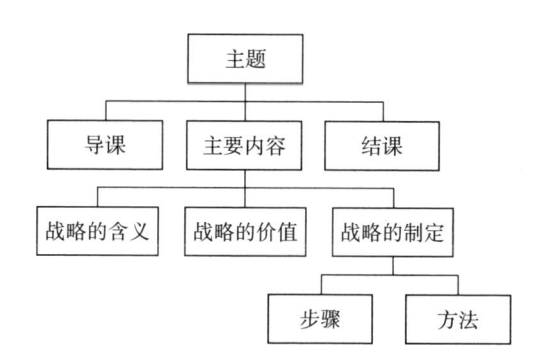

```
            主题
    ┌────────┼────────┐
   导课    主要内容    结课
         ┌──┼──┐
      战略的含义 战略的价值 战略的制定
                         ┌──┴──┐
                        步骤  方法
```

图 2-8　"企业高管战略管理"课程结构

案例："谦虚"的结构

在某航空集团"好师优课"大赛项目中，其中一位伙伴 L 培训师开发的是党建类课程，主题是"谦虚"。L培训师对自己的课程一直不满意，她总感觉结构不是很清晰，内容都是在讲道理。

通过对她的课件进行分析，我们发现她的课程主要分为两个部分：一部分是"谦虚的意义是什么"，另外一部分是"谦虚的价值是什么"。这两部分内容对应的都是why，都是在讲道理。于是，我们建议她改用KAS模型。整个课程结构就是——"谦虚的含义是什么""谦虚有什么价值和作用""党员干部如何做到谦虚谨慎"。这样一来，思路就很清晰了，接下来再进一步分解。

如果课程时长比较长，有3个小时以上，甚至6个小时以上，内容一般就比较复杂，这时候可以先把内容进行模块化分解，然后用KAS模型对每个模块进行划分。如图2-9，表示多个KAS模型。

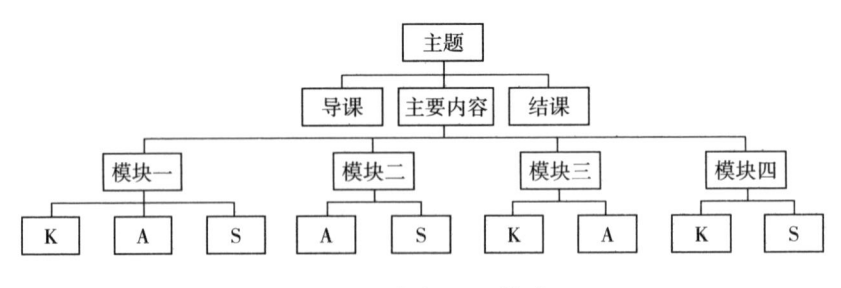

图2-9 多个KAS模型

需要注意的是，KAS只是一种思路，可以按照K、A、S进行分解，但并不是每一个模块三个要素都要有。根据需要，可以是三个，也可以是两个，还可以是一个。主要还是遵循"以学习者为中心"，结合调研过程中学习者的需求，学习者需要什么，就选择什么。

通常来说，开发任何课程都可以用这样的方式进行分解。但是如果用多了，可能会感觉没有新意。这时候，可以考虑下面两种模型。

（2）第二种模型：PRM 模型

P 指问题，问题中呈现的不良现象。建构主义教学指导思想强调的是以解决问题为中心，所以 P 直接从问题开始（见图 2-10）。

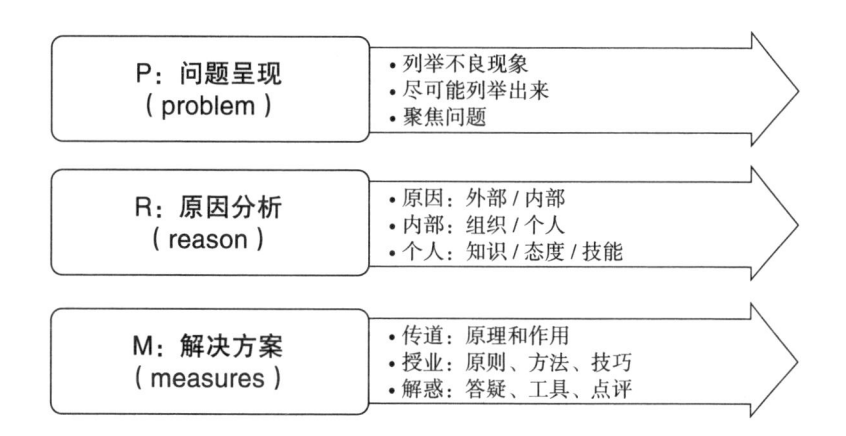

P：问题呈现 (problem)	· 列举不良现象 · 尽可能列举出来 · 聚焦问题
R：原因分析 (reason)	· 原因：外部 / 内部 · 内部：组织 / 个人 · 个人：知识 / 态度 / 技能
M：解决方案 (measures)	· 传道：原理和作用 · 授业：原则、方法、技巧 · 解惑：答疑、工具、点评

图 2-10　PRM 模型

回顾一下，前文讲需求调查时，把问题分为良构问题、劣构问题、病构问题三类。在课程设计中，更多选择的是劣构问题。劣构问题是通过培训师和学员、学员和学员之间共同学习，才能解决的问题。

PRM 模型直接指出问题，最能够适配学习者的心态。先列出在这方面大家常犯的错误和常出现的问题，让学习者的注意力聚焦在课程现场。比如沟通技巧、时间管理、企业文化等，这类常见的课程，内容是非常成熟的，可创新的点比较少，因而培训师可以考虑在结构上创新。

案例：跨部门沟通课程的结构设计

有一次，我们给一家互联网企业指导课程开发。有个小组开发的课程是"跨部门沟通"。该小组最开始用的是 what、why、how，也就是 KAS 模型：第一，什么叫跨部门沟通；第二，跨部门沟通的作用；第三，跨部门沟通的方法。

后来经过调整，采用了PRM模型。第一步，呈现问题，即跨部门沟通中的五个问题。这些问题都是现场学习者在实际工作中的一些表现，触及了痛点。第二步，分析这些沟通为什么是错的。公司各部门协作应该有哪些基本原则，通过原则来表述。第三步，跨部门沟通的具体方法。他们设计出五个场景，刚好对应前面的五个问题，形成前后呼应（见图2-11）。

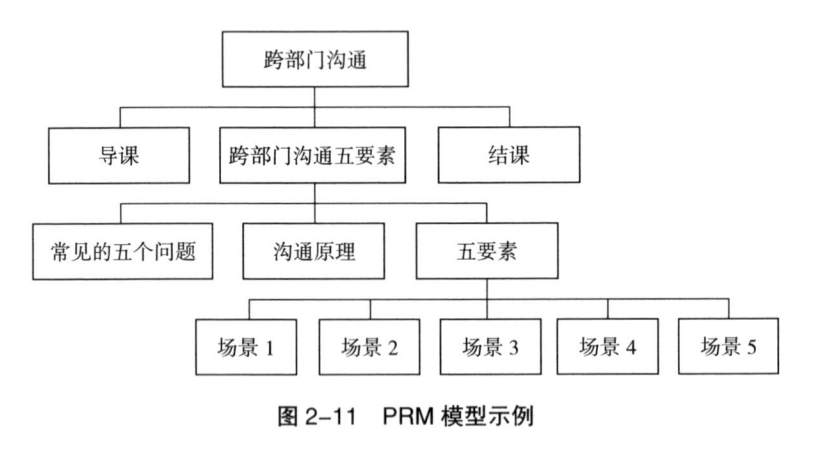

图 2-11　PRM 模型示例

在课程开发过程中，当课程内容很多的时候，如果一个 PRM 模型不够，可以把主要内容模块化，每个模块都采用 PRM 模型。

小花絮

《培训师的21项技能修炼》是2010年创作的，2011年正式出版。那时我并没有系统学习建构主义教学思想，但是整本书都采用 PRM 模型。每一章都用的是 PRM 模型，21项修炼就是21个 PRM。那时候的 P 是 phenomenon 的简称，专门表示"不良的现象"。2014年我系统全面学习了建构主义，在课程开发中，我发现这个 P 其实就是 problem，这不刚好就是"不良的现象"吗？所以在我们的课程中，这两个 P 都有。

（3）第三种模型：道—法—器模型

如果说 KAS 模型是最常用的模型，PRM 模型是建构主义独特的模型，那么，还有一种中国特色的模型，一种思考问题的思路和方法，就是道—法—器模型（见图 2-12）。

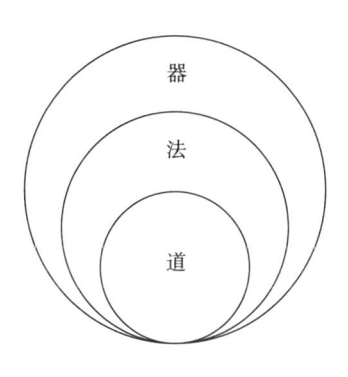

图 2-12　道—法—器模型

首先，我们来看一下道—法—器的含义。道是原理、原则，以及道理比较高深的、抽象的含义；法是方法、技巧、技术等能够具体看得到的解决问题的方法和思路；器是工具、流程的简称，工具、步骤、流程、程序等都可以理解为器。

道—法—器，是中国人最常用的理解事物的方式和方法。实际上，国外一些知名专家也在用这种方法。美国著名领导力大师约翰·马克斯维尔创作的《领导力 21 法则》，用的就是道—法—器模型，介绍的是领导力原理、原则方面的一些内容。有方法，有工具，也有模型，只不过取名为法则罢了。

接下来以"建构主义 7D 精品课程开发"为案例，运用道—法—器模型，对 7D 内容进行重新设计（见图 2-13）。

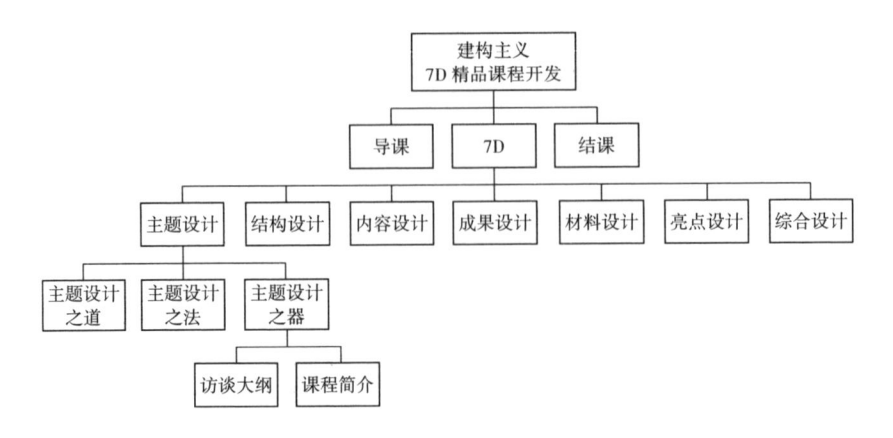

```
                建构主义
               7D精品课程开发
          ┌────────┼────────┐
         导课      7D      结课
    ┌──────┬──────┼──────┬──────┬──────┐
  主题设计 结构设计 内容设计 成果设计 材料设计 亮点设计 综合设计
   ┌──────┼──────┐
 主题设计 主题设计 主题设计
  之道    之法    之器
              ┌────┴────┐
            访谈大纲  课程简介
```

图 2-13 道—法—器模型的"建构主义 7D 精品课程开发"

7D 就是七个道—法—器。比如在主题设计方面，就是主题设计之道、主题设计之法、主题设计之器。主题设计之道是基本原理，主题设计之法是具体的操作方法、注意事项，主题设计之器是在主题设计中运用的一些工具。通常，重点放在器上。

平时开发课程也可以用道—法—器模型，比如沟通类课程可以划分为沟通之道、沟通之法、沟通之器，三者可以是并列关系。

在长期的辅导实践中，我们发现在模块细化这一环节容易出现几个问题。

第一，细化的小任务之间逻辑不清。通常大家的一级目录或者二级目录，逻辑是比较清楚的，但是再往下细分，逻辑就不清楚了，很多知识点之间的关系不明确，更像知识点的堆砌。

第二，任务分解不彻底。结构图的规划分解应该到知识点不能再分解为止。但是很多培训师在做这一部分的时候，分解层次较浅，给人内容不深入、专业性不强的感觉。

图 2-14 所示的是某一课程中流失客户的维护步骤，但是在做课程的结构设计时，课程开发者做到这一步就结束了。

第二章 | 结构设计：规划课程框架

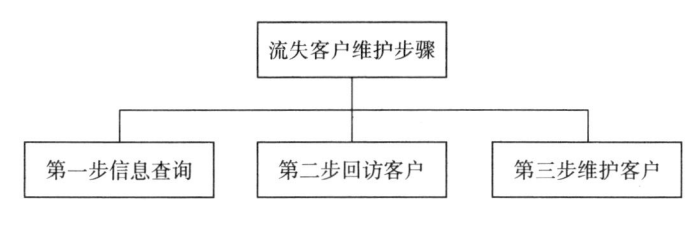

```
          流失客户维护步骤
    ┌──────────┼──────────┐
第一步信息查询  第二步回访客户  第三步维护客户
```

图 2-14　某课程流失客户的维护步骤

仔细观察就会发现，其实这门课程最关键的部分还没有呈现出来，学习者最需要学习的是如何做信息查询，如何回访客户，如何维护客户。通过跟培训师沟通，我们了解到，其实在课程中，这些内容也是要给大家讲解的，而且每个步骤下面还有可细分的内容，但是在课程结构图上没有呈现出来，光看课程结构图，会让人感觉课程不实用。如果不规划细致，培训师在讲课的时候也不清楚到底还要讲哪些方面。所以，结构图要尽量做得细致，知识点要分解到不能再分解为止。

这里重点说明一下，这三种常用的结构模型并不是孤立的，而是互相关联的。一门课程的结构图，可以使用一种结构模型，也可以使用两种结构模型，还可以综合运用三种结构模型。

KAS 模型是知识、态度和技能，对应着道—法—器，即道为知识和态度，法为具体的方法，器为具体的工具。

PRM 模型中，问题（P）和原理、原因（R）可以理解为道，解决方案（M）包括方法、工具和模型。

图 2-15 就是"建构主义 7D 精品课程开发"中，三种模型交叉运用的体现。

需要注意的是，在课程开发项目中，我们往往会遇到学员用思维导图的方式来制作课程结构图，这也是可以的，因为思维导图的逻辑与金字塔原理的逻辑其实一样的，都是分析型思维。

7步成课：7D+AI精品课程开发

```
建构主义7D精品课程开发
├── 导课
├── 正课
│   ├── 1D 主题设计
│   │   ├── 主题设计的内容（K）
│   │   ├── 主题设计的价值（A）
│   │   └── 主题设计的方法（S）
│   ├── 2D 结构设计
│   ├── 3D 内容设计
│   │   ├── 知识点开发
│   │   └── 案例开发
│   ├── 4D 成果设计
│   │   └── 学习活动开发
│   │       ├── 问题讨论型
│   │       │   ├── 常见问题（P）
│   │       │   └── 设计原则（R）
│   │       ├── 案例分析型
│   │       │   └── 设计方法（M）
│   │       ├── 技能演练型
│   │       └── 成果展示型
│   ├── 5D 材料设计
│   │   ├── 材料设计之道
│   │   └── 材料设计之法
│   ├── 6D 亮点设计
│   │   └── 材料设计之器
│   └── 7D 综合设计
└── 结课
```

图 2-15 三种模型交叉运用示例

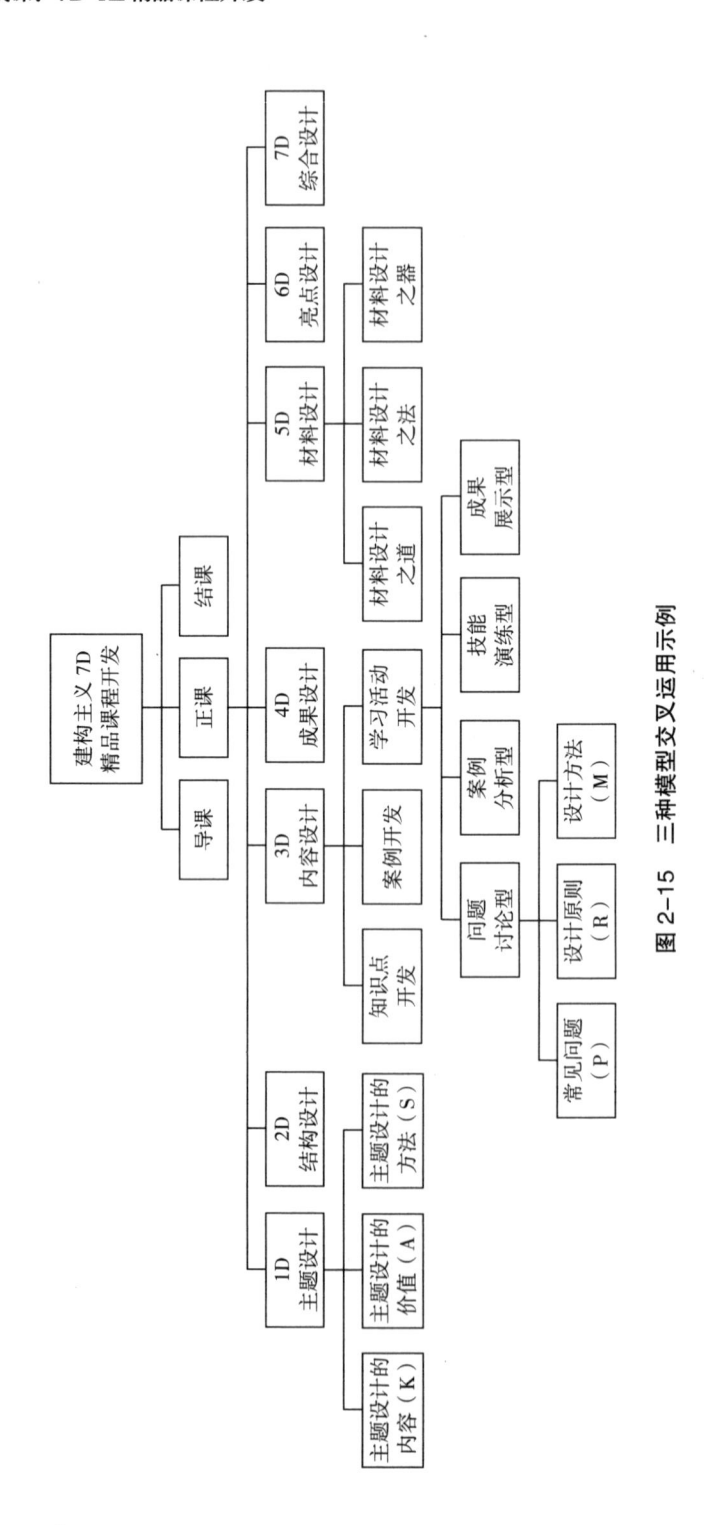

048

2. 运用 AI 优化知识点

在对知识点进行细致分解后，在有些细节点上如果不确定，依然可以运用 AI 进行知识的补充。

比如，在讲解"沟通技巧"的时候，想运用 PRM 模型，但是在 P 的部分不能罗列常见问题，就可以借助 AI 进行收集。只是在提问的时候，要尽量场景化，这样 AI 提供的信息也会更贴近工作实际。

比如，主管在与下属沟通的时候常见的问题有哪些。同样，R、M 的部分也可以向 AI 提问。但是需要注意的一点是，并不是 AI 提供的内容要照单全收，作为开发者，要有一定的判断力，要结合学习者的工作实际，对知识进行一定的筛选和确认。

> **问** 在职场沟通中，其中有一个重要的要素是学会倾听，请列出在倾听时常见的问题、困惑，或者错误做法。

> **AI** 当然，以下是与倾听直接相关的问题——
>
> • 分心：在对方讲话时，注意力被其他事物吸引，如手机、电脑等。
>
> • 打断：在对方还未完全表达完自己的观点时，就急于插话或打断。
>
> • 预设立场：在听之前就已经形成了自己的判断或观点，导致无法客观地理解对方的意见。
>
> • 缺乏反馈：在对方讲话时，没有通过点头、眼神交流等非语言方式给予反馈。
>
> • 只听自己想听的：选择性倾听，只关注与自己观点一致的信息，忽视其他重要信息。

- 缺乏同理心：不能从对方的角度理解问题，缺乏情感上的共鸣。
- 语言障碍：在跨文化或语言不通的情况下，未能有效理解对方的意思。
- 情绪化：在倾听的过程中，由于个人情绪的影响，无法冷静地接受和理解对方的观点。
- 缺乏耐心：在对方讲话时表现出不耐烦，急于结束对话。

这些问题主要集中在倾听的行为和态度上，不涉及回应和提问的部分。

> 对以上问题进行归纳分类，可以分为几类？

主要可以分为五大问题。

1. 注意力分散
   - 分心。
   - 缺乏耐心。
2. 沟通障碍
   - 打断。
   - 语言障碍。
3. 反馈不足
   - 缺乏反馈。
4. 认知偏差
   - 预设立场。
   - 只听自己想听的。
5. 情感和非语言障碍
   - 缺乏同理心。

- 情绪化。

问 对于反馈不足,有哪些具体的解决方法?

AI 针对"反馈不足",以下是一些具体的解决方法。

1. 非语言反馈
   - 练习用点头和肢体语言来表明你在听。
   - 使用眼神交流来表明你的关注和理解。
2. 口头确认
   - 通过简短的口头回应,如"嗯""我明白了"等,来确认你正在听对方说话。
3. 重复或重述
   - 用你自己的话重述对方的关键点,以确保你正确理解了他的意思。
4. 提问
   - 在对方讲话的间隙,提出相关问题以显示你在认真听,并鼓励对方进一步阐述。

四、整体结构优化

按照金字塔原理"以上统下"的原则,在课程结构图中,正课需要高度概括:用一个词语概括核心内容。

但是在正课环节,最常见的问题是"正课不能包括所有内容",我们很难用一个词语来概括所有模块。比如,名称是"高效沟通的四个法宝",实际模块却列出了五个;名称是"项目管理中的常见问题",但是内容中更多的是解决方案。

如果正课不能包含列出的所有内容,主要有三个优化和调整思路:扩大正课、移动位置、删除模块。

1. 扩大正课

扩大正课,就是扩大相对应正课的包容度。扩大正课具体包括几个方面。

第一,内容的扩大。

比如名称是"高效沟通的四个法宝",如果内容是五个模块,就把名称改为"高效沟通的五个法宝"。

第二,用连接词增加内容,形成并列关系。常用的连接词是"与""和""及""暨"等。

比如名称是"项目管理中的常见问题",如果内容还包含了解决方案,就可以把题目改为"项目管理中的常见问题及解决方案"。

第三,选择包含性更广的词语,或用层级更高的词语。

比如把"方法"改为"方案",把"技巧"改为"技术",等等。也可以增加一些形容词,比如把"商务礼仪"改为"高端商务礼仪",把"职场人士"改为"职场精英人士",等等。

> **案例:7D 课程的由来**
>
> "建构主义 7D 精品课程开发"这门课程最早的思路源自经典的 ADDIE 模型[分析(analysis)、设计(design)、开发(develop)、实施(implement)、评价(evaluate)],在此基础上把 ADD(分析、

设计与开发）三部分进行重新建构，主要内容体现在《学习设计与课程开发》一书的第二章、第三章、第四章。

在团队实践中，结合《培训师 21 项技能修炼（上）：精湛课程开发》的内容，去掉了课程呈现和实施的内容，专注于课程内容的开发，规划出课程开发的核心内容。

最开始，核心内容是 5D，后来在实践中发现，无论是职业培训师还是企业内训师，都有开发精品课程的需求，进而迈向版权课程。为让课程更有技术含量、更有竞争力，真正形成精品，由 5D 变成了 7D，由"课程"变成了"精品课程"，在建构主义指导下，最终形成"建构主义 7D 精品课程开发"。

扩大正课的范围是整体结构优化最常用的方法，也是最容易操作的。当然，依然是内容为王，必须做到名副其实：正课的内容要与课程名称一致。

扩大正课的依据是该内容模块很重要，而且与其他模块之间关系紧密。如果该模块不是很重要，与其他部分的关系也不是很紧密，就可以采用别的方法。

2. 移动位置

移动位置，就是将正课模块中的某些部分进行调整。

（1）前移——把正课的模块移到导课部分

有些课程的主要内容，包括 what、why、how 的结构。如果重点内容是 why 和 how，就可以把 what 部分移到导课中。也就是，把基本知识、概念这类比较简单的、属于良构问题的内容移到导课中，让劣构问题更加突出。

还有一种情况，第一部分内容是问题的罗列，如果这些问题仅仅是引出主题，阐明为什么学习这门课程，也可以移到导课部分。

我们来看一个案例。一门课程"企业文化的五大价值"，正课下面应该是五个价值，但是还要介绍企业文化的概念，所以本来的结构是这样的（见图 2-16）：

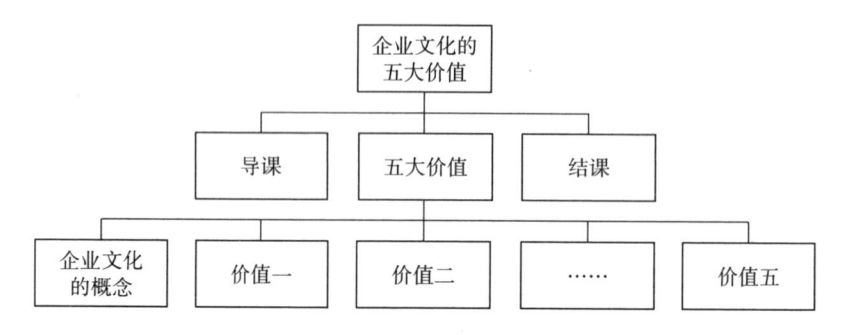

```
              企业文化的
              五大价值
     ┌───────────┼───────────┐
    导课        五大价值       结课
     │      ┌────┼────┬────┐
   企业文化  价值一 价值二 ……  价值五
   的概念
```

图 2-16 "企业文化的五大价值"课程结构 1

这时，可以把"企业文化的概念"移到导课中，正课只保留企业文化的五个价值（见图 2-17）。

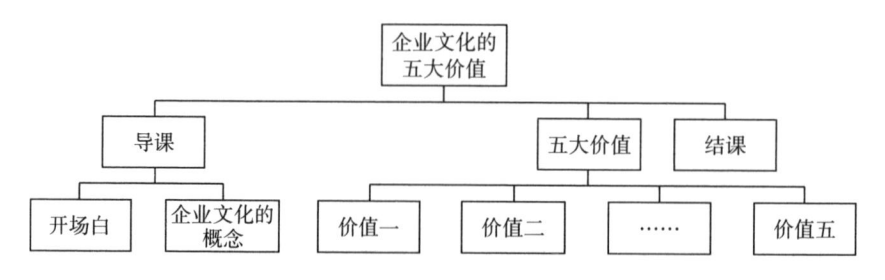

```
              企业文化的
              五大价值
     ┌─────────────┬─────────────┐
    导课           五大价值        结课
   ┌──┴──┐      ┌────┼────┬────┐
  开场白 企业文化  价值一 价值二 …… 价值五
        的概念
```

图 2-17 "企业文化的五大价值"课程结构 2

接下来用 7D 结构设计展示内容的扩大和前移（见图 2-18）。

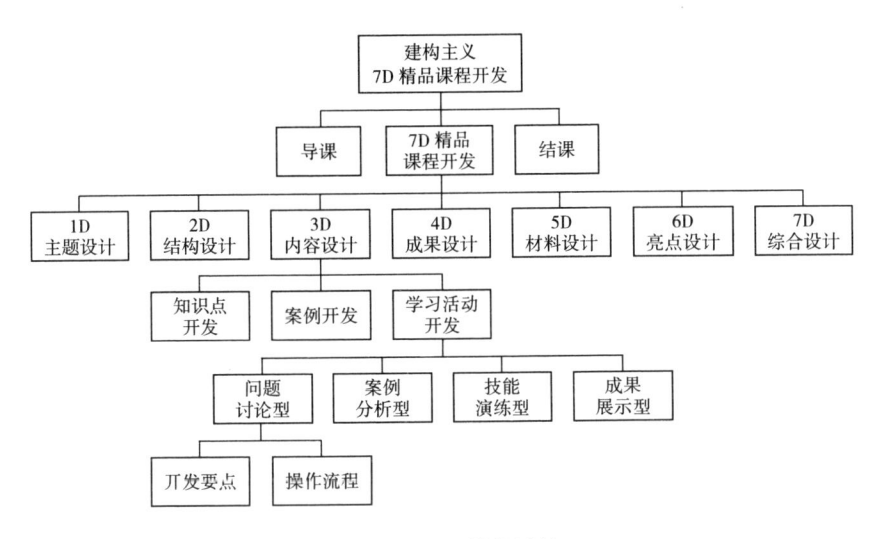

图 2-18　7D 结构设计

7D 精品课程开发结构图的正课部分，需要用一个词语把七个 D 都描述出来。正课可以是"7D 精品课程开发"，但是课程的名称是"建构主义 7D 精品课程开发"，如何加上"建构主义"？

首先考虑的方法是扩大，把 7D 改为 C+7D（见图 2-19）。

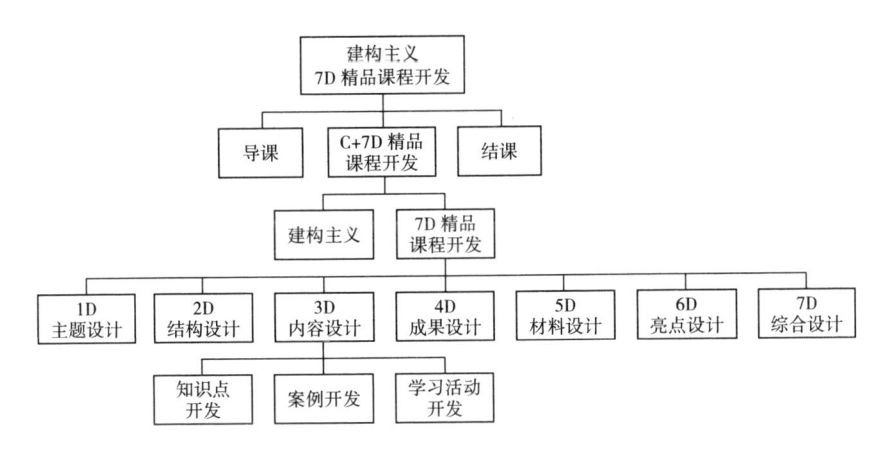

图 2-19　C+7D 结构

但是这样不聚焦，建构主义的比重太大，好像整门课程都是在讲建构主义。这种方式容易把建构主义放大，但是删除建构主义相关内容也不行，因为建构主义是核心指导思想。因此改用了前移，把建构主义移到前面，放在导课。于是就变成了（见图2-20）：

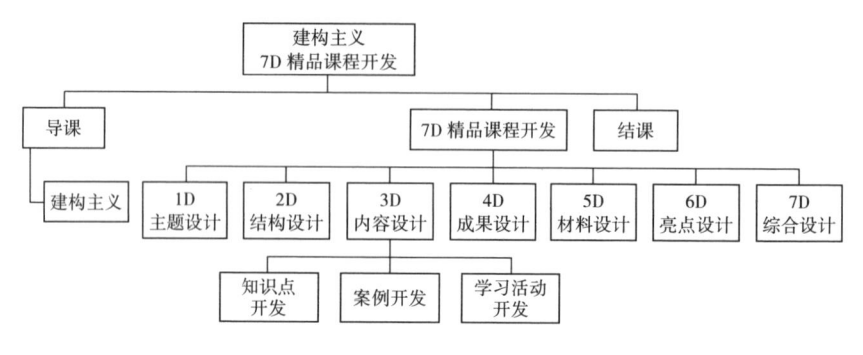

图 2-20 建构主义前移后的结构

核心内容是 7D 精品课程开发，把建构主义前移，既介绍清楚了建构主义的基本概念，也让建构主义的相关理论与具体内容联系更加紧密。

（2）下移——把模块移到下一层级

把主要模块中的某些关系不够紧密、非重要内容移到后面，目的还是保持主要模块的突出地位。

本书主要结构类型是 PRM 模型，把建构主义核心要素进行分解，然后把其中某些理论下移到相关的 R 中，让理论直接跟相关内容结合。

（3）后移——把非重点内容移到结课部分

很多课程最后都是实操演练环节。可以把这部分内容移到结课环节，这么移动原因有二：一是突出重点内容；二是实战演练实际上不算是课程内容，而是教学方法。

3. 删除模块

有些内容扩大正课范围也包括不了，又不能移动，那就不要留着。被删除的内容主要包括以下几类：

一是对照目标不需要的内容。对照整个课程目标，如果该内容不在目标中，与其他内容又没有关联，那就删除。

二是良构问题内容。这些内容很简单，在网络平台、公司的规章制度里都有，而且学员都了解和掌握了，可以删除。

三是病构问题内容。这些内容太复杂、太困难，在有限的时间里无法解决，或者对学员来说是超出工作职责范围内的知识，实际用不到，那就删除。

案例：基层员工沟通五大法宝

我们给北京一家 IT 企业讲课程开发，有个小组开发的课程名称叫"基层员工沟通五大法宝"（见图 2-21）。从名称看，这应该是一门技能类课程。课程时间只有 1 小时，1 小时内要让员工学会五个沟通法宝。

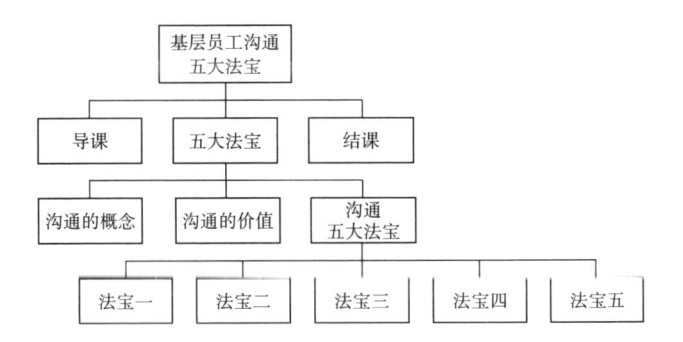

图 2-21 "基层员工沟通五大法宝"课程结构设计 1

当时他们搭建的课程结构图正课分为三个部分：第一，沟通的概念；第二，沟通的价值；第三，沟通五大法宝。概念和价值放在正课部分，超出了正课题目。因此，我们给他们的指导意见是：把沟通的价值前移，放在导课中，在导课阶段就让大家意识到沟通的价值。而沟通的概念，应该是众所周知的概念，就不用特别介绍了，删除。这样就变成了导课是沟通的意义和价值，正课是沟通的五大法宝（见图2-22）。

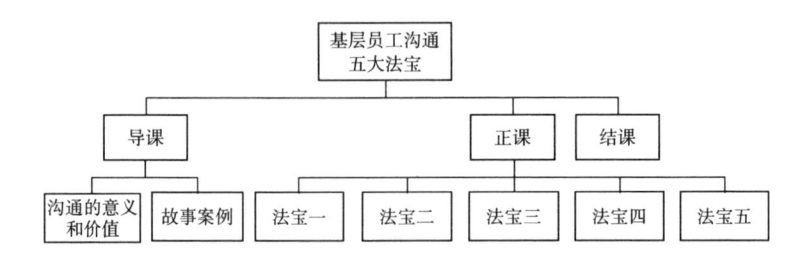

图2-22　"基层员工沟通五大法宝"课程结构设计2

最后，补充一种特殊情况：主要模块之间完全没有关联，也无法对其中某个模块进行处理，这时候怎么办？

来看这个例子（见图2-23）：

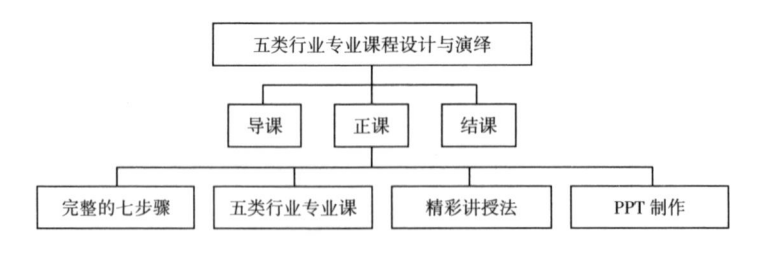

图2-23　某课程的结构

这个结构图是不是似曾相识？内容很丰富，表面上看挺好的，深入分析就会发现问题：

正课包含四个部分："完整的七步骤""五类行业专业课""精彩讲授法""PPT制作"。这四部分用什么词语来概括呢？还真找不到一个合适的词语，标题中的"课程设计与演绎"也概括不了。

像这样的结构，常规的三种方法——扩大正课、移动位置、删除模块都不能用，只能用一个方法：推倒重来。这种情况下，我们可以把这一门课程变成两门课或三门课。

课程结构图是把内容之间的逻辑关系可视化的方式，既能帮助培训师梳理知识体系，也能帮助学习者更好地掌握知识。课程结构设计是课程开发非常重要的环节，也是非常有挑战的环节，需要持续实践和优化。

结构设计的注意事项

课程结构图是精品课程的核心材料,是一门课程的骨架,对整门课程起到支撑作用,它能够把一门课的关键信息全部呈现出来。在整理、优化课程结构图的时候,可以从四个方面入手。

一、课程时间和重点内容的规划

课程的基本结构图设计好之后,还要对课程的整体时间和重点内容进行规划。

1. 时间规划

时间规划,就是对课程的三段式进行具体时间划分。

导课+结课与正课的时间分配遵循 20/80 法则。通常是以小时为单元,1 个小时的课程,导课和结课一共需要预留大概 10 分钟;两个小时的课程,导课和结课则需要预留 20 分钟;3 个小时的课程,导课和结课则需要预留 30 分钟;两天的课程,则需要给导课和结课预留约半天时间。

预留时间主要放在结课,强化学习成果。

案例：一个结构图规划

图 2-24 显示的这门课程，其实采用了丰富的教学活动，但是它把几类学习活动都放到了课程结束的时候，就不符合结构图的特点。

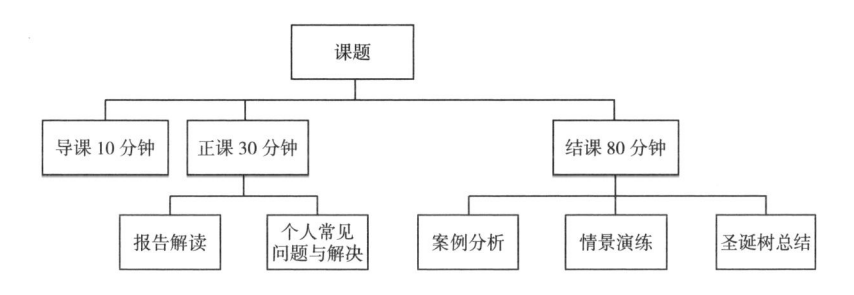

```
                        课题
         ┌───────────────┼───────────────┐
    导课10分钟        正课30分钟         结课80分钟
                    ┌─────┴─────┐    ┌─────┼─────┐
                  报告解读   个人常见  案例分析 情景演练 圣诞树总结
                           问题与解决
```

图 2-24　某课程的结构图规划

其实，后面的这几个活动都可以放到正课中，在讲完核心内容后，直接进行讨论或者演练。

大家记住，课程的整个时间规划就像一个"橄榄球"，要两头尖、中间鼓。两头小而有力，中间要充实有内容。

2. 重点内容规划

除了时间规划外，还要注意重点内容的规划。

导课和结课部分不是课程的重点，正课是课程的重点，正课中的几个部分也有主次之分。

以"建构主义 7D 精品课程开发"为例。主题设计、结构设计和内容设计是重点。其中"内容设计"是重点中的重点，而"学习活动开发"

是内容设计的重点,"技能演练型学习活动"是"学习活动开发"的重点(见图 2-25)。

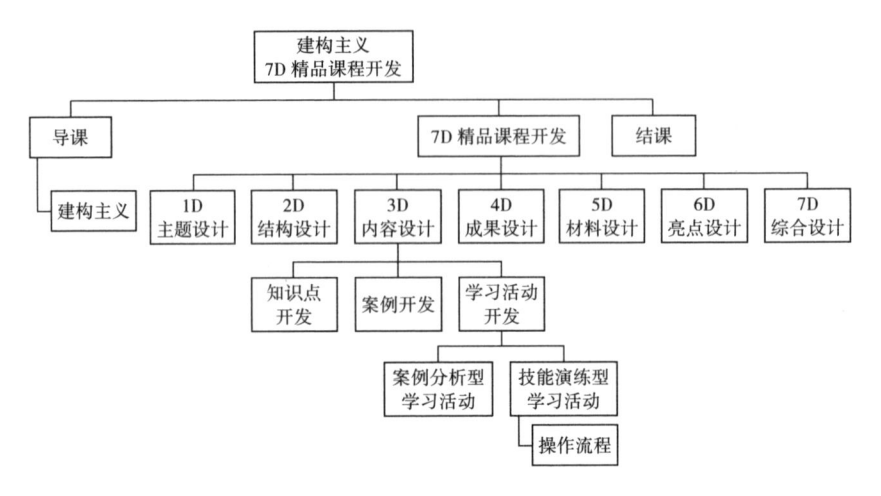

图 2-25 课程重点设计

课程重点设计遵循三个原则。

(1) 20/80 法则

一门课程的主要内容有几个重点就是几个模块,模块之间有主次之分,每个模块要讲的内容也有主次之分,主次所用的时间分配大概是 8∶2。

(2) 聚焦问题解决的原则

如果使用道—法—器模型,可能法就是重点。如果使用的是 KAS 模型,可能 S 就是重点。如果使用的是 PRM 模型,可能 M 就是重点。

(3) 用户和客户兼顾

在访谈调研的时候,既要了解客户的需求,也要了解用户的需求,在课程设计的时候也要兼顾二者。比如,对于客户来说,希望学习者理解 why 的部分,而学习者自身最终需要掌握的是 how 的部分,这两部分要兼顾,只是占用时间的分配上有所区别。

二、符合层级排列的要求

第一是从上到下，先画上面，再画下面。

第二是以上统下，上面是抽象的，下面是具体的。上面的标题能够包含下面的所有部分，越是抽象的内容越在上面，这是关键点。

第三是同级并列，同一级的模块横向展开。

在辅导课程开发的实践中，我们发现，学员在画结构图的时候，最常见的两个问题：一是上下不包容，上一级不能完全包含其下一级的内容；二是把同一级的模块做成了上下展开。这里再次强调：同一级模块要横向并列展开。

同时，课程的重点、次重点和非重点内容，可以通过课程结构层次来体现。

我们一般对课程结构图的要求是三级到七级。通常来说，越重点越深入，层级就越多。从"建构主义 7D 精品课程开发"的结构图就可以看出，各部分内容的层级是不一样的。

我们在运用 AI 工具时发现，用 AI 工具搜索出来的内容同样存在类似问题，首先，上下不包容，无法找到一个词语包容下一级的内容；其次，各个模块之间缺乏关联，有堆砌感。

三、结构图中模块的多样性

如果课程结构用的是经典的 PRM 模型，内容分为几个模块，并不是每个模块都要有完整的 PRM 模型的三部分。

一切设计都以学习者为中心。如果学习者对 R 部分很清楚，明白背后的道理，课程就不需要 R 了，只保留 P 和 M 就可以了。同样，如果课程结构选择的是 KAS 模型，若是知识点大家都知道，就可以没有 K。

这叫模块的多样性，无论选择的是道—法—器模型，还是 PRM 模型、KAS 模型，并不需要每个环节硬凑三个模块。

四、三种模型的结合

整门课程中，KAS 模型、PRM 模型和道—法—器模型三者可以结合或交叉使用。可以整门课程用一个模型，也可以一节课用 PRM 模型，另外一节课用道—法—器模型，还有一节课用 KAS 模型。也可以一节课中有的部分用 KAS 模型，有的部分用 PRM 模型，有的部分用道—法—器模型。

设计课程结构时，选用模型有两个基本要求：第一，自己要清楚用的是什么结构，一般按照事物的内在逻辑设计结构；第二，要让学习者明白课程用的是什么结构。

AI 工具运用的注意事项

在开发课程的很多环节虽然可以借助 AI 的大力支持，让内容更加完整、完善，但是，AI 只是辅助，是"助手"，培训师永远不能失去主导地位。

所以，大家可以看到，主要的思路还是以培训师为主，只是有些细节可以运用 AI 来补充。当然，有些培训师如果在开发课程、搭建结构的时候，完全没有思路，也可以加大对 AI 的应用，从结构设计就开始借助 AI 的力量。可以按照以下要点对 AI 进行提问：

- 明确课程主题。
- 说明培训对象。
- 提及课程预计时长及想要达成的目标。
- 阐述希望课程内容的组织方式，如循序渐进、模块并列等。
- 如果有特殊要求，如突出某些重点或特色；在知识点讲解的时候，要求用 KAS/PRM 模型扩展知识结构，请加以说明。

比如：

"我正在开发一门关于××（课程主题）的课程，培训对象是××，课程时长预计为××小时。请为我提供一个初步的课程框架模板和章节组织建议，要涵盖主要的知识点和教学重点。"

"我要设计一门××（课程主题）的课程，旨在帮助学员掌握××（具体技能或知识）。请根据这个目标，为我提供一个合理的课程结构，包括大致的章节划分和每个章节的核心内容概述。"

"我计划开发一门面向××（培训对象）的××（课程主题）课程，希望能以循序渐进的方式组织课程内容。请为我构思一个包含引言、正文和总结的课程框架，明确各章节的先后顺序和相互关系。"

需要注意的是：

第一，如果要求过多，AI 也许不能都关注到，所以需要：有条理地罗列要求；逐步优化，先实现框架，再让 AI 逐个模块优化。

第二，如果有一些比较专业的提法，需要先向 AI 投喂，看 AI 是否知道这个术语，确认没问题，再向它进一步提要求。比如，你要使用PRM结构来讲解某个知识点，你要先问它是否知道PRM。如果它理解不到位，就要把这个模型介绍给它，再让它生成内容。

本章小结

一、重点知识回顾

1. 结构设计原则：以学习者为中心、任务驱动、聚焦问题。

2. 结构设计的流程：课程三段式设计—正课模块化排列—模块分解细化—整体结构优化。

3. 金字塔原理操作要求：从上到下；以上统下；横向并列；无遗漏、无交叉。

4. 课程结构三种模型：KAS模型、PRM模型、道—法—器模型及综合运用。

二、作业

根据以上内容，规划自己的课程结构：

1. 是否运用了KAS模型、PRM模型或者道—法—器模型？

2. 整体结构的逻辑是否符合金字塔原理？

3. 是否需要用AI完善、深化课程结构的知识点？

CONTENT DESIGN

| 第三章 |

内容设计：

开发课程内容

在建构主义教学过程中，通常运用三种方式来激发学习者，点燃其学习热情——问题、案例、学习活动，合称为"点燃三宝"（见图3-1）。

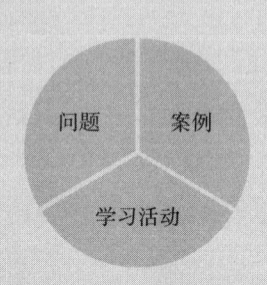

图3-1 "点燃三宝"

第一，问题引发思考。

用问题引发学习者的思考，让学习者产生主观能动性、主观学习愿望，获得自主学习的想法。

第二，案例激活旧知。

当学习者不明白培训师所讲内容的时候，培训师可以用案例去激活其旧知。学习者本身拥有知识或者经验，如果把学习者以前拥有的知识或经验激活，让他与新的知识产生连接，有利于他理解新知。

第三，学习活动建构新知。

用主题性学习活动来建立新知。学习者通过参与学习活动而产生新的认知，真正掌握某方面知识或技能，从而达成学习效果。（注：除非特别说明，本书所有"学习活动"均指"主题性学习活动"。）

| 第三章 | 内容设计：**开发课程内容**

知识点开发

知识点是整门课程最核心的要点。第二章其实已经对知识点进行梳理和开发，只不过结构图是课程的整体框架，而这里的知识点指的是整门课程的内容。

一、知识点开发的四个原则

可以从四个角度进行考核和评估（见图 3-2），看课程开发中是否达到了对知识点开发的要求。

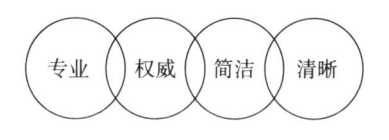

图 3-2 知识点开发的原则

1. 专业

专业是第一要求，课程中的每一个知识点都不能瞎讲。相关理论、法则、法规都是专业的体现。

2. 权威

借助一些名人名言、权威人士的话来支撑你的观点、做法，或者把他们的观点引入你的论点中。

权威人士，包括学术专家、行业领袖等。培训师，包括刚出道的职业培训师、企业内训师，都可以引用权威人士的话来支持自己的观点。如果是在企业内部进行培训，也可以引用企业高管或者企业最高领导人的话树立权威。

当然，引用权威，也可以适当进行改编，可以优化，但不能杜撰。培训师要防止断章取义，造成"假传圣旨"的情况，这也体现了培训师的严谨。

我们经常提到的一句话"教育不是灌输，而是点燃"，就借助了权威人士的观点。

案例："点燃"的来源

从2014年学习、实践建构主义以来，我一直在寻找一句话，希望能够简单直接地呈现建构主义的独特含义。

有一次给某高校做"教师教学技能培养"项目，我在该校的走廊尽头看到了"教育不是灌输，而是点燃火焰——苏格拉底"，这句话犹如一把火炬，当时就点燃了正在苦苦寻觅的我。于是，我将这句话视为"建构主义7D精品课程开发"的广告语，并在培训行业广为传播。

当年春节，大家聚在一起放烟花时（那时小区物业组织邻居们集中在一个区域放焰火），我发现点燃的不一定是火焰，有可能是鞭炮，有可能是礼花，也有可能是"哑炮"，压根不炸。人们只管点燃就可以，至于是不是火焰，由它自己的内在决定。

所以我把这句话改为"教育不是灌输，而是点燃"，这样更简洁，而且使用至今。这句话也被不断建构，有的培训师将其改为"培训不是灌输，而是点燃"，有的讲领导力的培训师将其变为"领导不是压制，而是点燃"。

而且，我也专门借助 AI，看到了"教育不是灌输，而是点燃火焰"这句话的不同提法。我先后对三个 AI 工具——AI1（文小言）、AI2（秘塔 AI 搜索）、AI3（Kimi 智能助手）问了同样的问题。

问："教育不是灌输，而是点燃火焰"这句话出自哪里？

AI1："教育不是灌输，而是点燃火焰"这句话出自爱尔兰诗人、剧作家、1923 年度诺贝尔文学奖获得者威廉·巴特勒·叶芝（William Butler Yeats）。英文原句为"Education is not the filling of a pail, but the lighting of a fire"（教育不是注满一桶水，而是点燃一把火）。这句话强调了教育的本质不在于简单地灌输知识，而在于激发学习者的内在动力和热情，引导他们主动探索和学习。这种教育理念鼓励教育者采用灵活多样的教学方法，关注学习者的个体差异和兴趣特长，以激发他们的学习潜能和创造力。

问：听说是苏格拉底讲的？

AI1：关于"听说是苏格拉底讲的？"这个问题，具体答案取决于所提及的内容或观点。但一般来说，苏格拉底作为古希腊的伟大哲学家、思想家和教育家，他的言论和教诲对后世产生了深远影响。以下是对此问题的精简回答。

- 苏格拉底确实提出了许多具有深远意义的哲学观点和教育理念，如"认识你自己""美德即知识"等。
- 如果所提及的内容或观点与苏格拉底的思想体系相符合，且历史上确有其说，那么可以认为是苏格拉底讲的。
- 然而，由于历史久远，部分言论可能经过后世流传有所变异或误传，因此具体判断还需结合具体语境和历史资料。
- 若无法直接确认某言论是否出自苏格拉底之口，建议查阅权威的历史文献或哲学著作进行核实。

问 "教育不是灌输，而是点燃火焰"，这话源自哪里？是谁提炼出来的？

AI2 "教育不是灌输，而是点燃火焰"这句话被广泛引用，但其确切出处和提出者在不同的文献中有所出入。这句话通常被误认为是苏格拉底（Socrates）说的，但实际上它是罗马帝国时代的希腊作家、哲学家、历史学家普鲁塔克（Plutarch）所言，"Education is the kindling of a flame, not the filling of a vessel"（教育是点燃火种，不是填满容器）。这一观点强调了教育的本质在于激发内在潜能而非简单知识的传递，体现了对教育本质深刻的理解和阐述。

然而，多篇文献都提到了苏格拉底与这一观点的关联，这可能是因为苏格拉底的教育理念与这一比喻的精神相契合，即强调启发式教育而非填鸭式教学。

> "教育不是灌输，而是点燃火焰"，是叶芝说的吗？怎么有人说是古希腊哲学家苏格拉底说的呢？

AI3："教育不是灌输，而是点燃火焰"这句话，通常被认为是古希腊哲学家苏格拉底的名言。实际上，有人认为这句话出自罗马帝国时代的希腊作家、哲学家、历史学家普鲁塔克。也有人认为要归于爱尔兰诗人、剧作家威廉·巴特勒·叶芝，他确实有类似的表达："教育不是注满一桶水，而是点燃一把火。"这句话强调了教育的真正意义在于激发学生的兴趣和潜能，而不是简单地填充知识。

看到这些答案我们是震惊的。很多人其实都有这样的认识："教育不是灌输，而是点燃火焰"是苏格拉底的名言。不管这句话源自哪里，都表明了AI工具的强大，它让我们看到了不同的声音。

因此，所谓权威并不一定就是"真理"，关键是能够借助其观点来表达自己的观点，让学习者更好地理解所学知识。就算"教育不是灌输，而是点燃"这话不是苏格拉底讲的，但是这样的教学思想一定给学习者带来了积极的影响。

3. 简洁

表达要简洁，用最简短的文字表达更多的内容。

简洁的话容易被理解、记忆和传播。名言、金句一般都是简洁的。课程开发者如果能够把课程的核心要点提炼为简洁有力的句子，就能够更高效地帮助学员理解和掌握。

4. 清晰

表达清晰，也是提炼知识点的基本要求，要避免歧义，不能让人产生误解。提炼知识点时，不要为了简洁而简洁。在课程开发过程中，培训师们往往会发现在提炼知识点的时候不够科学，这可能导致学员产生误解。

案例：项目落地"独孤九剑"

在与某知名地产商学院合作开发精品课程项目时，其中一个小组开发的项目落地一共要九个步骤，于是他们借用了金庸《笑傲江湖》中的绝技，称为"项目落地'独孤九剑'"。他们列出的九剑是：总诀式、剑式、刀式、枪式、鞭式、索式、掌式、箭式、气式。

我当时问他们："这个'独孤九剑'，除了'总诀式'外，后面讲的是如何用剑、如何用刀、如何用枪吗？好像有点说不通。"他们说好像不是。接下来，我们一起查资料，才发现《笑傲江湖》里写的九剑是"总诀式、破剑式、破刀式、破枪式、破鞭式、破索式、破掌式、破箭式、破气式"。他们把关键的"破"字去掉，含义就完全不一样了。

大家在笑声中修改了表达方式，进一步优化，目前这门课程成了他们商学院的核心课程之一。

二、知识点开发的 CNEB 模型

在专业、权威、简洁和清晰的原则下，开发课程的核心知识点，具体流程如下（见图 3-3）。

```
收集内容
(collect)
   ↓
整理分类
(neaten)
   ↓
提炼要点
(extract)
   ↓
建立模型
(build)
```

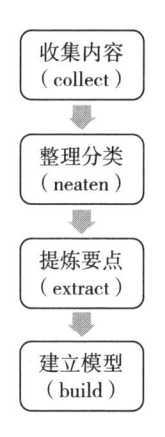

图 3-3　CNEB 模型

从这个流程可以看出，知识点是一步一步优化并提炼出来的。

1. 收集内容（collect）

课程要有内容，这是提炼知识点的来源，深厚的理论基础和丰富的实践经验是课程内容的最重要来源。但是，很多培训师的课程是没有充实内容的，所提供的知识点也并非真正的知识点。比如，讲顾客投诉时"听"的技巧，培训师给了三个知识点：立即响应、带离现场、记录陈述。虽然这看似是知识点，但是比较空洞，实际内容没有呈现出来：如何去响应？如何带离现场？如何做记录？这种情况就属于知识点不落地。

2. 整理分类（neaten）

整理分类和归纳，要求对课程内容进行识别，了解内容背后的逻辑关系，能够对内容进行科学分类，这正是专业的体现。长篇的内容往往可以按照某种逻辑，比如时间关系、递进关系、并列关系等，分成几个部分。

3. 提炼要点（extract）

经过第二步的分类之后，再对每个类别进行关键字、词、短语的提炼，找出核心词语，找到最能影响意思表达的核心点。

我们来看一个例子，记得有位朋友是这样介绍赖茅酒的。

> 赖茅酒是茅台系列酒之一，是国酒文化的传承，是茅台集团的一个重要品牌。赖茅酒之所以口味好，是因为采用了茅台基酒，并还原出赖茅传承百年的味道。同时，赖茅酒的价格比较亲民，不到茅台飞天系列的1/3，性价比高，适合老百姓喝。
>
> 赖茅酒的原产地就在贵州茅台镇，气候条件适宜，品质有保障，所以，酒的口感好，饮用舒适，而且不上头。被誉为"小茅台"，是酱香酒的典范。赖茅酒适合收藏，经过长时间的储存后口感更好，也有一定升值空间。

这段介绍赖茅酒特点的文字，信息量比较大，难以记忆和识别。经过仔细阅读，我们发现这一大段文字重点说了几个方面，可以对其进行分类，把内容分门别类进行归属（见图3-4）。

赖茅产品卖点

🍶 酒好	¥ 实惠	☆ 特色	♡ 收藏
• 茅台系列酒之一，国酒传承 • 真赖茅，茅台造！茅台集团品牌 • 用茅台基酒还原出赖茅传承百年的味道	• 价格不到飞天茅台的1/3 • 高性价比的百姓的茅台，国民酱香酒	• 绿色健康：原产地绿色有机原料，独特地理环境，天然酿造气候，独特的微生物 • 饮用感受：饮用舒适，不上头	• "小茅台"，大众酱香酒典范 • 喝老酒，存新酒，适合收藏，有升值空间

图3-4　对内容进行分类

这就比一大段文字更便于理解和记忆。但是每个模块有很多内容，如何找到关键点？我们找出影响模块最核心的点，做了如下提炼（见图3-5）。

赖茅产品卖点

酒好	实惠	特色	收藏
• 茅台系列酒之一，茅台集团品牌 • 使用茅台基酒，还原出赖茅传承百年的味道	• 价格不到飞天茅台的1/3	• 原料绿色有机 • 地理环境、酿酒微生物独特 • 舒适不上头	• 适合收藏，有升值空间

图 3-5　找出模块的关键点

这样可以让人很快抓住关键点、核心点，便于记忆。这就是做了知识点的提炼。

知识点提炼出来后，可以再进行优化，比如总结出模型或者朗朗上口的口诀，就更容易记忆，更有特色。

以对"销售关"的口诀总结为例（见图3-6），仅供参考。

把好"三关"之销售关
• 油枪销售定准量
• 铅封检查保经常
• 先进先出记心上

图 3-6　销售口诀

4. 建立模型（build）

建立一个比较成熟的标准和模型，把个性化内容变成通用稳定的结构，这样既便于理解记忆，又可以被复制和运用。常用的集中建模方式有六种。

(1) 二维矩阵法

这是一种分析和决策的工具,通过在二维空间内绘制矩阵,将不同的变量或因素进行对比和评估。每个维度代表一个评价标准,通过在矩阵中定位不同的选项,可以帮助决策者直观地看到各种选择的优劣和相互关系。

比如,员工绩效评估矩阵(见表3-1):

表 3-1 员工绩效评估矩阵

工作绩效	工作态度	评估结果	行动建议
高	高	优秀员工	奖励和晋升机会
高	低	技术能手,但态度差	提供培训和辅导
低	高	态度好,但绩效差	提供技能培训和支持
低	低	态度、技能都差	加强监督、辅导力度

(2) 结构层次法

这种方法将复杂问题分解成多个层次和子系统来分析。每个层次代表问题的一个方面,或一个更小的问题。通过逐层深入,可以更系统地理解和解决问题。

比如,某领域法律法规体系的排列(见图3-7):

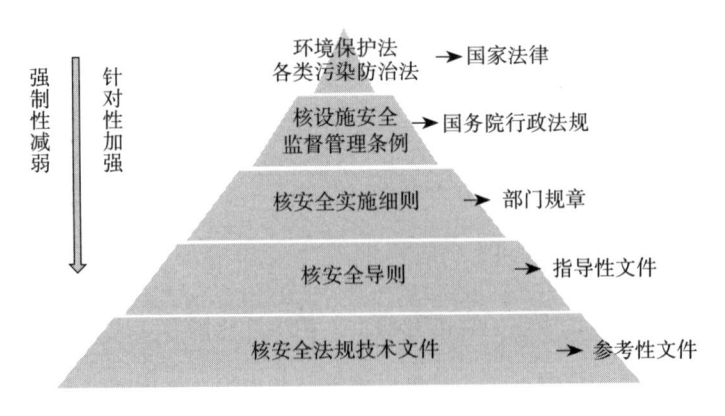

图 3-7 领域法律法规体系排列

（3）流程步骤法

将一个复杂过程分解成一系列步骤来分析和优化。每个步骤都是流程的一部分，通过优化每个步骤，可以提高整个流程的效率和效果。

比如，GROWAY模型是一个特定的管理工具，通常用于企业战略规划和决策。它包括六个要素：目标设定（goal）、现实状况（reality）、提出方案（offer）、工作实施（work）、调整一致（accord）和获得收益（yield）。这个模型帮助企业明确目标，制订行动计划，预测收益，并合理分配资源（见图3-8）。

G	R	O	W	A	Y
目标设定（goal）	现实状况（reality）	提出方案（offer）	工作实施（work）	调整一致（accord）	获得收益（yield）

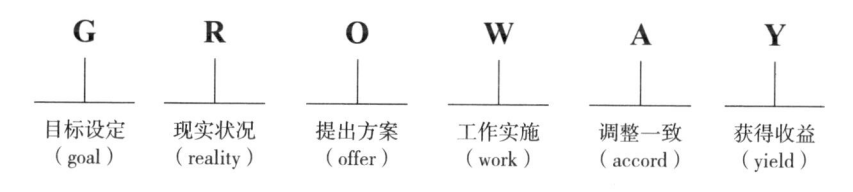

图3-8　GORWAY模型

（4）英文单词法

通常是指使用英文单词的首字母或特定字母组合，来帮助记忆和理解复杂信息或概念。这种方法可以用于创建缩写、助记符或关键词集，以便快速回忆和传达信息。

例如，使用"PDCA"来代表"计划—执行—检查—行动"（plan—do—check—act）的循环管理方法，或者使用"SMART"目标设定原则，代表明确的、可度量的、可实现的、结果导向的、有时限的，即明确性、可衡量性、可实现性、相关性、时限性五大原则，如图3-9所示。

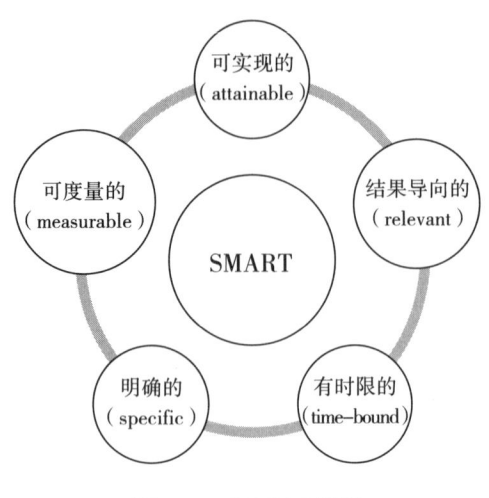

图 3-9　SMART 原则

（5）关键要素法

这种方法侧重于识别和分析知识内容中最关键的要素。把精力集中在这些关键要素上，可以更高效地对知识进行记忆。

比如，5W2H 模型，就是通过回答七个基本问题（what、why、who、when、where、how、how much）来全面理解问题。这种方法有助于在解决问题时考虑到所有相关因素（见图 3-10）。

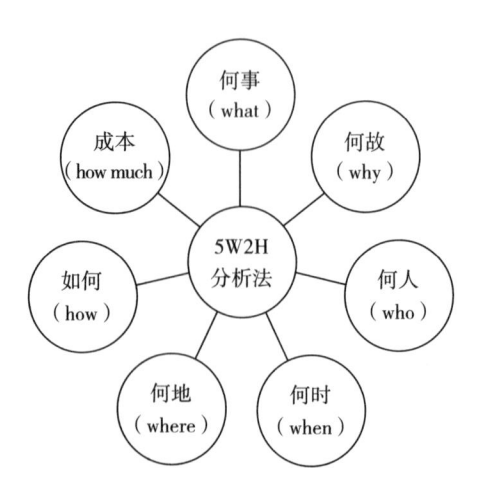

图 3-10　5W2H 分析法

(6)简写词集法

这是一种通过使用缩写或简写来快速记录和传达信息的方法。这种方法在需要快速记录和理解大量信息时非常有用。图 3-11 是某企业对其工作流程的提炼:

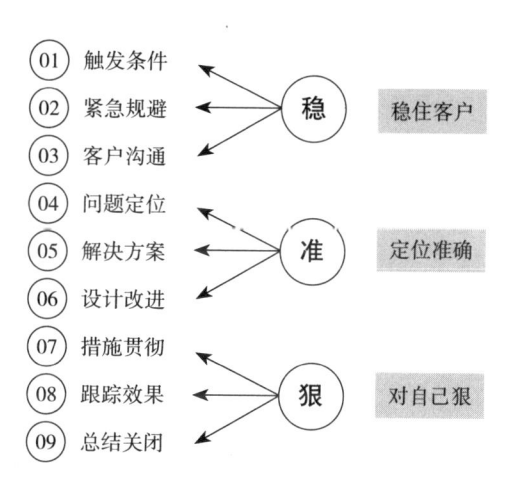

```
01 触发条件  ╲
02 紧急规避  ──→ 稳    稳住客户
03 客户沟通  ╱

04 问题定位  ╲
05 解决方案  ──→ 准    定位准确
06 设计改进  ╱

07 措施贯彻  ╲
08 跟踪效果  ──→ 狠    对自己狠
09 总结关闭  ╱
```

图 3-11 某企业"稳准狠"工作流程

简写词集法不仅是一种单独的模式,同时也是其他模式的呈现及表达方式。比如,关键要素法中的 5W2H 其实就是简写词;本书中结构设计的三种模型"KAS 模型""道—法—器模型""PRM 模型"都用了简写词的方式;还有经典的现场管理方法 8S 管理法,也用了简写词的方式。

以上模型和方法各有特点,适用于不同的内容和需求,选择合适的方法可以提高学习的效率。但需要注意的是,"简写词"的目的是化繁为简,便于记忆和传播,而不是搞复杂了,反倒增加了难度。

案例：过细节让精准识人更高效

某制造业内部的课程开发项目中，一位伙伴开发的内容是招聘面试技巧，目的是帮助用人部门的负责人提高招聘水平，课程名称是"过细节让精准识人更高效"，其中这个"过细节"就运用了简写词建模。不过，大家看到"过细节"这三个字的时候存在疑问，不明白到底是什么意思。

看了培训师的内容，原来"过细节"是个浓缩词："过"是"问过去"；"细"是"抓细节"；"节"表示同音字"结"，是"做总结"。可是，我们看到"过细节"能否想到"问过去""抓细节"和"做总结"？是不是反倒变复杂了？

而且，简写词一定是"关键词"或者"关键字"的简写。而这门课程中，关键字并不是"过""细""节"，而是"问""抓""做"。但"问""抓""做"三者并没有关联到某个旧知，增加了记忆难度。

所以，如果精简为"三招让精准识人更高效"，是不是更好？结合知识点的简洁性，还可以优化成"三招精准识人"。这样的课程名称更容易被理解和记忆。

类似的案例还有很多，我们团队在指导培训师开发课程的时候，发现无论是提炼课程名称，还是提炼课程内容，都存在把"简单的事情复杂化"的情况。建议看到此处的时候，不妨反思一下自己的课程，是不是存在类似情况。

由此可见，在课程开发的时候，把各种理论、素材、纷繁复杂的资料提炼成关键字或关键词，要符合专业、权威、简洁和清晰的原则，这本质上是一种概括能力，属于归纳思维。

这种能力我们在上学时候训练过，语文课上归纳段落大意、数学课上解答应用题都考查归纳能力。归纳的过程，就是充分理解内容、建构知识体系的过程。

培训师在授课的时候，把关键词变成一段段语言文字，是演绎能力。由归纳到演绎，也是培训师培训技能的体现。这个过程在小学阶段也训练过，比如看图作文、看词语编故事等，都是在训练演绎能力。

运用 AI 提炼、优化知识点

对于知识点开发，开发者如果冥思苦想也没有很好的思路提炼建模的时候，也可以借助 AI 通过四个步骤，获得好点子。

向 AI 提供素材—要求分类提炼—提出具体要求—反馈优化

如果不提出具体要求，只是让 AI 提炼，可能它会提炼出一些散的信息。还是以赖茅酒为例。

赖茅酒的特点：
赖茅酒是茅台系列酒之一，是国酒文化的传承，是茅台集团的一个重要品牌。赖茅酒之所以口味好，是因为采用了茅台基酒，并还原出赖茅传承百年的味道。同时，赖茅酒的价格比较亲民，不到茅台飞天系列的 1/3，性价比高，适合老百姓喝。

赖茅酒的原产地就在贵州茅台镇，气候条件适宜，品质有保障，所以，酒的口感好，饮用舒适，而且不上头。被誉为"小茅台"，是酱香酒的典范。赖茅酒适合收藏，经过长时间的储存后口感更好，也有一定升值空间。

把上面的文字进行分类，并提炼出关键词。

关键词：
1. 赖茅酒
2. 茅台系列酒
3. 国酒文化
4. 茅台集团
5. 茅台基酒
6. 百年传承
7. 价格亲民
8. 性价比
9. 贵州茅台镇
10. 气候条件
11. 产品品质
12. 口感
13. 饮用舒适
14. 不上头
15. "小茅台"
16. 酱香酒
17. 收藏价值
18. 升值空间

如果提出明确要求，得到的结果就是：

> 把以上内容归纳为几大特点。

• 品牌与历史传承：赖茅酒作为茅台集团出品的酒，继承了茅台酒的传统，拥有百年的历史和文化传承，被誉为"小茅台"。

• 价格与性价比：赖茅酒的价格相对亲民，不到茅台飞天系列的 1/3，提供了较高的性价比，适合广大消费者日常饮用。

• 产地与品质：产自贵州茅台镇，得益于适宜的气候条件和严格的品质控制，赖茅酒保证了其优良的口感和饮用体验，不上头，品质有保障。

• 收藏价值：赖茅酒具有一定的收藏价值和升值空间，是酱香酒的典范。

如果开发者觉得提炼得比较符合心意，分类合理，就可以进一步优化。比如，让它生成朗朗上口的口诀，便于记忆，AI 也是可以提供的。

> 可以生成朗朗上口的口诀吗？

当然可以，以下是将赖茅酒的四个特点编成的几句朗朗上口的诗。

真赖茅，茅台造，百年传承香飘飘。
价格美，民心好，飞天之下价更俏。
绿原料，有机妙，天然酿造味更娇。
小茅台，藏家宝，岁月陈香价更高。
每句诗都对应了赖茅酒的一个特点：
• 酒好：强调了赖茅酒的正宗和历史传承。

- 实惠：突出了其亲民的价格和高性价比。
- 特色：描述了其使用绿色有机原料和独特的酿造环境。
- 收藏：提到了赖茅酒的收藏潜力和随时间增值的特性。

这样的诗句简洁明了，便于记忆，同时也传达了赖茅酒的核心卖点。

所以，在让 AI 协助提炼建模的时候，需要注意的一点就是开发者一定是内容专家，要能够分辨对错、好坏，才能逐步引导 AI 给出比较满意的答案。

AI 提供的信息更多是各种内容的组合，甚至是堆砌，有时缺乏内在的逻辑性，开发者要进行优化重组，最终超越 AI。

> **学习任务：**
>
> 请大家拿出自己开发的课程来——印证、检验，知识点、方法、工具是否专业？权威论点是否来源正确，有没有争议？知识点是否可以更简洁，更便于记忆？

| 第三章 | 内容设计：开发课程内容

案例开发

一、案例开发的三种类型

课程内容开发的第二个重点是案例开发，案例是课程中常用的素材，可以点燃学员的旧知，让其与新的知识产生连接。

根据案例在教学中的不同作用，案例开发分为三种不同类型。

1. 举例说明

举例说明，就是提出一个观点或者概念，然后举一个案例来验证、解释它。这是培训中最常用的方法。通常培训师说"举个例子""这里有一个案例"的时候，就是在举例说明。图书中的案例往往也是举例说明，本书亦是如此。

案例："车联网"的概念

在给某知名汽车厂家做课程开发项目时，汽车行业的一位W培训师提出一个名词叫"车联网"，我问："车联网是什么意思呢？"

W培训师说："就是车与车之间的对话，我来给你举个例子。比如你的车在正常行驶中，你前面有辆车要变道，但是没有打转向灯，你很有可能不知道前方的危险。你如果安装了车联网这个设备，设备就能够感应到前面车的动态，从而提醒你及时规避风险。车联网实现了车与车之间对话。"这样的解释就很形象，容易理解。

大部分培训师都会用举例来说明观点或者知识点，目的是让学习者理解概念，用案例激活学习者的旧知。

2. 案例分析

案例分析是学习活动的一种。培训师根据学习需要设计一个案例，引导学习者围绕案例中的问题进行讨论，最终找到解决方案。

这里的关键点是学习者分析案例，并找到解决方案。在整个过程中，学习者是教学的主体，培训师只是做引导。

案例分析和举例说明是不同的，主要有两个区别：

第一是主体，举例说明的主体是培训师，案例分析的主体是学习者。

第二是答案，举例说明是已经有了答案，这个答案往往是培训师提供的；案例分析在分析之前是没有答案的，最终的答案是学习者找到的。

3. 案例教学

这是一种教学方法，层级更高一些。案例教学，指整个教学内容及教学流程，是通过培训师引导学习者共同分析某个案例来贯穿的。培训师用一个案例来带动整门课程的内容，这是一种独立的、成熟的教学模式，实现了课程内容的系统性和完整性。

这三种类型的区别在于：举例说明可能只是针对某个知识点；案例

分析是一种学习活动，更加深入；而案例教学更加完整，贯穿了整门课程。严格意义上来讲，在实际培训中，真正用到案例教学的情况不多，更多的还是用前两者。

> **案例：关于企业扩张的案例教学**
>
> 在读 EMBA 的时候，有位教授的课程主题是"企业扩张的四种途径"。内容是他做咨询时的一个真实案例"CRTS 企业发展项目"，通过阐述 CRTS 企业的扩张史，归纳出企业扩大规模的四种途径。整个过程中，教授除了自己讲述这个案例以外，也让学员共同讨论每一种扩张途径的优劣。两天时间他都围绕着一个案例进行教学，最后每个小组都找到了自己的解决方案。这就是一次完整的案例教学。

可以说，大多数培训师在授课过程中都喜欢举例说明，这是培训师的一个基本功。

随着建构主义教学思想的广泛普及，越来越多的培训逐步采用了案例分析这类学习活动，激发学习者参与。本章第六节将阐述"案例分析型学习活动的开发"。

案例教学也是非常有效的教学模式，越来越受欢迎，有兴趣的读者可以深入了解和学习。

二、案例开发的四个原则

案例是课程中不可缺少的要素，面对林林总总的案例素材，在选用的时候需要把握好四个原则。

1. 紧扣主题

案例本身的作用是说明观点、解释主题，所以选用的案例要紧扣主题。

这里给大家提供一个验证案例是否紧扣主题的逻辑模型——AGC 模型。AGC 模型也就是写作文常用的总—分—总结构。这个逻辑模型可以帮助大家验证案例是否紧扣主题，佐证自己的观点是否合理（见图3-12）。

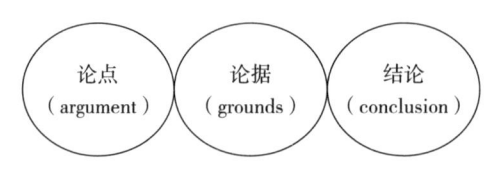

论点（argument） 论据（grounds） 结论（conclusion）

图 3-12　AGC 模型

有一门关于企业文化的课程，培训师提出了"践行企业文化对个人的发展也是非常有帮助的"的论点。在论据中，他提到企业文化的来源、价值、对企业发展的意义等内容。这些内容看似没有什么问题，但是它们与论点是不相关的，没有紧扣主题，引用这样的案例就没有什么用。

2. 具有合理性

所用的案例要能经得起学习者推敲。如果学习者通过推敲发现案例情节不合常理、有漏洞，他们就会怀疑你的观点，这就叫反论证。

案例：两元买一辆汽车

在某医药企业的内训师课程开发项目中，××培训师开发的主题是"高效沟通",提出"沟通中如果表达不清,会让对方产生误解"的观点。他运用了 AGC 模型中的第三种模式 AHC(观点—幽默的故事—结论)来说明观点。

××培训师讲了这样一个案例:

小明有一天去 4S 店买车,通过反复讨价还价,终于把那辆汽车的价格谈到了 10 万元。但是无论他怎么凑,只凑出了 99998 元,也就是说,还差两元钱。

怎么办呢?小明到处想办法。他在 4S 店门口看到了一个乞丐,对乞丐说:"这位兄弟,请你借我两元,我要买一辆车。"

乞丐一听,心里想:"哇,两元钱可以买一辆车啊!"于是他说:"兄弟,我给你 4 元,你帮我也买一辆吧。"

××培训师讲完立刻引来大家的欢笑。××培训师说:"这个故事告诉我们表达要清楚,否则可能会引起对方误解。"

针对这个案例,我问大家:"这个故事是否具有合理性?"

大家想了想,觉得这个故事欠缺合理性。"你花 10 万元买一辆车,就差两元,难道卖车的人会因为两元不把车卖给你吗?4S 店的店员可能宁愿自己掏两元也要把车卖给你。"

这个案例不合理的关键点在于"10 万元一辆车,差两元",于是我引导大家进行合理性修改。其中一位学员给了建议:"不要说 10 万元买一辆车,可以说 20 元去吃一碗面,结果差两元,这就有可能了。"

3. 具有典型性

案例要具有代表性和典型性,应该是大多数人都可能遇到的情况,而不是某一个人的个例。

很多培训师讲课时喜欢讲个人的案例，这种方式得有个前提，案例要具有典型性，如果案例缺乏典型性，听课的人也就会觉得没有借鉴意义。

4. 具有新颖性

新颖性有两个角度，一是时间要新，二是角度要新。

首先是案例的时间要新。讲案例的目的是激活学习者的旧知，如果这个案例已经发生很久了，学习者可能已经忘了，再想用它来点燃学习者的热情就很难了。

很多培训师经常用老生常谈的案例。比如"曾经有一个秀才去赶考，路上做了一个梦，梦见了……"，这样老掉牙的案例，大家听了就烦。

以前我讲课和写书的时候，认为案例的时间最好不要超过五年，现在看来，五年已经太久了，一年之前的事情大家都要忘了。现在每周都有热点，热点也不过一周。现在是真正的"信息爆炸"，案例要及时更新。

最好是拿现场的事当作案例来讲，拿刚刚发生的事当案例也能体现出培训师的水平。

我们在上课的时候，通常会拿现场学员的学习情况作为案例来激励大家。比如课程名称是"对象+内容"形式，如果学员都是同事，可以点燃学员，让大家举一反三，其他同事很快便能获得启发，写出自己的课程名称。

其次是案例的角度要新。一样的案例可以用不同的角度来讲，旧案例也可以换新角度来讲。

前文"两元买一辆汽车"这个案例，其实就要与时俱进。除了可以把买车变成吃面，还可以把买车变成买咖啡，把找乞丐借钱变成找同事借钱，这就比较新颖。而且找乞丐借钱肯定是假的，但是找同事借钱完全有可能是真的。这样，一个编撰的假故事，就可能变成一个新的真实事件。

当然，做到角度新颖有一定难度，使用起来要谨慎，建议大家尽量多用新案例。

三、案例的开发流程 CCGO 模型

明确了案例开发的原则，接下来就是开发案例。开发案例主要遵循四个步骤，即 CCGO 模型：选择要点（choose key points）、确定类型（confirm types）、采集素材（get materials）、优化细节（optimize details），如图 3-13 所示。

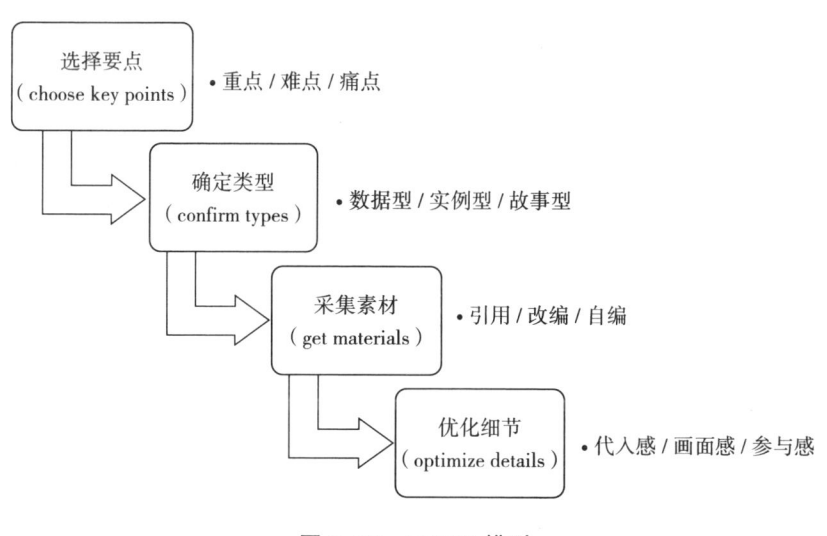

图 3-13 CCGO 模型

1. 选择要点（choose key points）

案例的作用是通过激活学习者的旧知，帮助学习者理解新知。对于

培训师来说，他们通过案例对观点或者知识点进行解释说明，让学员易于理解及接受观点。因此，培训师首先要明确自己想要表达的观点，也就是课程中的知识点。

课程中的知识点很多，但是不是每个知识点都需要用案例来解释呢？如果这么做，一堂课可能就变成"新华字典"或者"故事会"，完全成了培训师的独角戏。

那什么样的知识点需要用案例来解释呢？这是很多培训师的困惑。有可能该讲的没有讲透，让学习者感觉培训师的课程很浅；也有可能不该讲的讲得太多了，让学习者感觉索然无味，认为"培训师低估了我们的智商，这些我们都懂了"。

案例的作用是解决学习者的问题，因此，可以把知识点也分为良构、劣构和病构三类。

结构良好的知识点就是良构的，这类知识点很简单，不需要培训师讲。比如有的培训师讲礼仪课，会讲"礼仪的概念"，然后举例说明。其实这种知识很简单，不需要加案例学习者也能明白。

结构相对复杂的知识点就是劣构的，用单纯的讲授、解释已经不够了，可能需要举例。比如"礼仪的价值"，单纯讲概念还不够，可能还需要举例说明，这样学习者更容易接受。有的甚至需要做学习活动才行。比如"如何做好接待礼仪"，这些知识点让学习者参与讨论或者实战演练更好。

结构很复杂的知识点就是病构的，比如"跨文化社交礼仪冲突"，因为不同文化背景下的社交仪礼差异大，学习者很难理解在具体情境中应该遵循哪种礼仪规范，就算用案例，培训师也很难讲清所有文化的礼仪细节。

那么，什么样的知识点要注重案例的使用呢？可以归纳为"三点"：重点、难点和痛点。

重点，就是从内容角度来讲很重要的知识点，必须通过案例让学习者理解的内容。难点，就是从学习者角度来看较难理解的知识点，需要借助案例来帮助理解的内容。痛点，就是学习者存在误区且自己难以解决，需要借助案例来加深认识的内容。

上面三类知识点需要用案例来进行说明，简称"三点一例"。

2. 确定类型（confirm types）

当明确了哪些知识点需要用案例后，接下来就要分析用什么样的案例。案例类型从内容的组成上可以分为三种：数据型案例、实例型案例、故事型案例。

（1）**数据型案例**

这类案例的主要内容由数据构成。数据型案例的特点在于科学、有可信度，通常是大数据统计的结果，具有典型性。

我们在做内训师培训的时候，讲到"不同教学方式带来的学习效果不同"这个知识点时，会引用美国缅因州国家训练实验室发布的"学习金字塔"报告来证明这一观点，这就是数据型案例。数据型案例要求科学严谨，经得起推敲，一定要有真实的来源。

在辅导企业培训师做课程开发的时候，我们发现大家习惯用讲道理的方式说明所讲内容的重要性、必要性，以引起学员的重视和兴趣。这时候，我们会引导大家，事实胜于雄辩，讲道理不如讲案例，在这方面，有没有相关数据来说明问题？如果有的话，就用数据来说话，会更有说服力。

（2）**实例型案例**

这类案例是生活或者工作中真实发生的事情。企业内部开发的课程，通常采用实例型案例。因为这些案例是在工作或者生活中发生的事，有可能在学员身边也发生过,所以讲这些案例很容易激活旧知,让学员容易理解和快速产生共鸣。

在指导企业开发内部课程时,我们引导学员运用最多的就是实例型案例。在后文"采集素材"里有专门的模板,用来激活学员的旧知,可以参照模板,收集案例。这个模板上已经写了主题,让大家填写内容,相对更容易产生符合主题、紧扣主题的案例。

数据型案例更注重科学性,实例型案例更注重真实性,这两类案例都可以增加课程内容的可信度。

(3)故事型案例

这类案例的主要特征就是有人物、故事情节,显得更加生动。故事型案例可以是真实的,也可以是虚构的,目的是帮助学员更好地理解和掌握知识。

但在开发案例的时候需要注意:虚构的就是虚构的,真实的就是真实的,不要混淆,那样反倒容易引来争议。

需要说明的是,举例说明的案例是为了解释某个概念,证明某个观点。这种案例就相当于证据,如果证据有瑕疵,就无法证明观点,因此要求案例必须非常严谨。

三种案例并非泾渭分明,而是有关联和交叉的。在一门课程中最好三种案例都有。根据实际效果需要,案例可以进行优化,比如将实例型案例变成故事型案例。

案例:消防安全的案例

在一家化工企业内训开发课程的项目中,有一个小组开发的课程是消防方面的内容。他们用了数据型案例,内容是某一次火灾死了多少人，带来多大的损失，等等。大家感觉对学员的触动不够，因为数字是冰冷的。

后来，开发小组进行了加工，通过翻阅资料、查看网上的信息包括视频片段，找到了一个小学生的案例，他的父母在火灾中去世了。他们决定从小学生的角度来反映火灾带来的伤害。开发小组把学员带到情境中，让大家切实体会到火灾给家庭带来的危害，从而让大家重视消防安全。

这就是把数据型案例变成故事型案例。

如果一个案例将三者结合，是实例，有故事情节，又有数据，可称为复合型案例。所以有时也把案例分为四类：数据型、实例型、故事型、复合型。通常，举例说明的案例不用这么复杂，复合型案例更多用在学习活动中，比如案例分析型学习活动。后文会有详细介绍。

3. 采集素材（get materials）

明确了案例的类型，接下来就是采集案例素材了。那么，案例素材来自哪里呢？主要有三种来源：第一种是引用，第二种是改编，第三种是自编（见图3-14）。

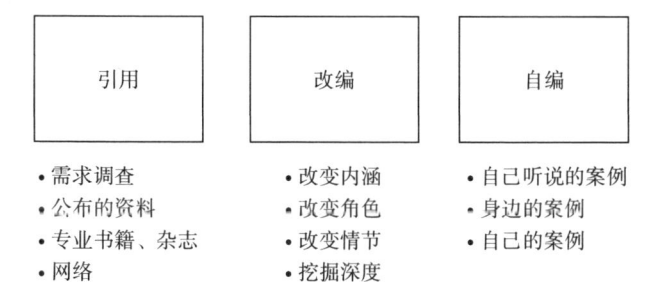

引用	改编	自编
• 需求调查 • 公布的资料 • 专业书籍、杂志 • 网络	• 改变内涵 • 改变角色 • 改变情节 • 挖掘深度	• 自己听说的案例 • 身边的案例 • 自己的案例

图 3-14　案例的来源

（1）引用案例

引用与主题相关的素材是案例最主要的来源之一。

首先，在主题设计的访谈环节去了解学员需求的时候，会了解到很多案例。如果把这些案例放在培训课程中，学员的体验会很真实。

其次，引用案例还包括网上的案例、公司已经公布的案例，比如公司的一些数据。这里注意保密原则，有些公司的数据不能对外讲。本书中举的很多案例只说行业地区，不说具体的企业名字，也是基于保密原则。

需要注意的是，来源于网络的案例，其真实性可能存在问题，为了保证课程的严谨性，对这样的案例有两个建议：第一，尽量不用；第二，如果一定要用，需要查证。

关于引用的案例，还有一个要求就是尊重版权。

（2）改编案例

实际上，在培训中用得最多的就是改编的案例，真正原汁原味引用的案例反而不太多。改编案例，通常从内涵、角色、情节入手。

第一种，内涵改编。

为了让案例更加贴合观点，可以对案例内涵进行改编，使之为主题服务。

案例：向和尚卖梳子

在一家银行的内训师课程开发课堂上，一位学员开发的销售课程，引用了"把100把梳子卖给和尚"的案例，要说明的观点是"精准营销的优势"。但是，我们知道这个案例本意是说明营销的创新性，而并不是找到精准客户。

那么，如何让案例产生这个效果呢？就要对案例做改编，变为：虽然营销成功了，但是营销过程很辛苦，风险很大，营销还是要找到精准客户才能事半功倍。

这种改编其实还有另外一个必要性，前文讲到案例要新颖，"向和尚卖梳子"其实是老掉牙的案例，但是因为换了个角度阐述，也是其新颖性的体现。

第二种，角色改编。

有时候一些负面的、隐晦的案例，直接引用会有一定风险。我们在辅导一家新能源汽车企业做内训师课程开发时，有一位学员引用了同行业的一个负面案例，当时就有人提醒他最好能改变一下角色，万一被该企业的人听到了影响不太好。

在开发课程及讲授课程的时候，需要注意保护隐私原则，包括个人隐私和组织隐私，尤其负面案例，最好进行适当改编。

我们的建议是：案例是正面积极的，可以提名字；案例是负面消极的，一定不要提及真名，尤其是人的真名。留意一下，你会发现，法律方面的报道，通常用"某"来替代，比如"欧晓锋"，变成"欧某某"。

案例：火灾企业的名字

在某能源企业开发的消防课程中，针对一个案例，开发组伙伴进行了积极的讨论。

课程涉及一个真实案例，某企业发生火灾，带来了巨大损失，案例是很合适的，而且发生时间在大约一年前，但是开发组对于是否用企业的真名产生了争议。

有些人说，既然是实例型案例，肯定要用真实的，而且这件事情法律上已经定性，相关责任人被判刑，这些资料都是公开的，应该是可以用的。

有些人认为，案例虽然是真实的，但还是要保护企业和个人的隐私，以免带来麻烦。

经过激烈的讨论，大家达成共识：不用真名，用"某"替代。为什么呢？第一，真实的案例是指事实是真实的，不用真名并不代表案例是虚构的；第二，尊重当事人，避免给当事人带来负面影响；第三，案例是为了阐明观点，达到这个目的就够了。

实际上，本书的案例都是实例型案例，除了极少数以外，绝大多数没有用真名，而是用字母代替。比如L培训师，可能是刘培训师，也可能是李培训师，还有可能是梁培训师。读者根本不关心到底是刘培训师还是李培训师，他们关注的是案例本身及案例带来的价值。

本书提到的企业绝大多数也没有用真实名字，而是用某企业代替，一是因为案例本身是真实的，相信读者看到案例就会明白；二是保护相关企业的隐私，不管是正面案例还是负面案例，如果没有征得企业的同意，就不能用企业的真名。

第三种，情节改编。

同样一个案例，在面对不同人讲授的时候，为了产生不同的效果，可以适当改编情节，做有倾向性的改编。

案例：手机出错

我们在辅导一家知名手机制造企业做内训师培养的时候，有一组学员讲了这样一个案例：他们老总在接待客户的时候，向对方展示自己制造的手机的高科技含量，结果操作手机的过程中，一件很糗的事发生了，被用来展示的手机没有声音，现场非常尴尬。后来查明是手机零配件出现问题，这个零配件是有专门供应商的。

这个案例可用在不同的地方。如果是用在给供应商做培训或者会议中，可以把情节引向该供应商受到了谴责，影响了他们之间的合作。当然，也可以用在内部培训中，改为接待前，内部检查工作要做好，提高工作的细致程度。

（3）自编案例

这主要指课程开发师自己身上发生的案例，包括其身边发生的案例。这样的案例给人的感觉更加真实可信。

这对课程开发师的要求很高，需要其有很多经历、体验和积累。因为没有完全契合的案例，而案例往往要具备很多信息和要素才能达到想要的结果。培训师可以自编案例，把自己需要的点都编进去，为课程所用，实现教学目标。

> **小花絮**
>
> **多实践，累积案例**
>
> 刚入行的培训师遇到的最大挑战之一是"授课实践不多，真实案例太少"。很多培训师会讲企业的案例，尤其是有知名企业背景的培训师，通常会讲"我在某企业如何如何"。但如果经常讲这样的案例，给人的感觉就有点类似阿Q"我祖上也是很有钱的"情况，建议大家尽量避免。

三种案例的难度是层层递进的。有人甚至认为"初级培训师引用案例，中级培训师改编案例，高级培训师自编案例"。当然，一门课程中最好三种案例都有，而且可以相互交叉。

这里提供一个案例的标准版本（见表3-2），读者可以根据表格填写。

表3-2 案例模板

案例名称				备注	
时间		地点			
人物				可不用真名	
具体情境					
最终结果					
你的评价					

4. 优化细节（optimize details）

案例素材收集好了之后，还需要不断加工和优化。案例的加工和优化是案例开发中非常重要的环节，也是课堂精彩呈现的基础。案例的加工和优化有三个思路：代入感、画面感、参与感。

代入感：所采用的案例与学员相关，更容易把学员代入案例情境中。

画面感：描述案例的具体画面，吸引学员，激发学员学习参与的热情。

参与感：案例的内容与学员有直接关联，能够激活学员的旧知，让他们感同身受。

这里用一个案例来阐述案例加工和优化的三种思路。

第三章 | 内容设计：开发课程内容

> 案例：M 型特质的故事

在版权课程"萨蒙 SAME 领导力授权认证"集训班上，某医药公司高管××培训师讲了一个案例——"M 型特质的工作特点"。

你们是否有 M 型特质的同事？跟他们共事会有什么感受呢？他们在工作中会有哪些特点呢？

我给大家讲一个案例。公司财务部新任部长李部长，进入公司不久就对公司传统、落后的财务系统进行改造，引进了当时著名的浪潮 ERP 财务系统，大刀阔斧，锐意创新。

在项目启动会上，身为项目指挥长的他目光炯炯，声音洪亮，语气坚定："不管遇到多大阻力，必须在半年内完成改造。"在领导的赞许声和同事的羡慕声中，改革的大幕拉开了。

然而，仅仅三个多月，残酷的现实就打破了和谐。因为财务系统的改革涉及公司所有部门，出现了很多困难和问题。一次次协调会被李部长变成了"批斗会"："谁拖延，谁反对，就处理谁。"一时间，公司怨声载道。

终于在一次协调会上，领导在一片众怒声中提醒李部长要注意方式方法。结果，他扔下一句"志不同道不合，不相为谋"，摔门而去。10 天后，李部长递上辞职报告，那次改革也随之终止。

现在来分析这个案例。

第一，代入感。

把听者带进去，让学员参与进去。××培训师提问："你们是否有 M 型特质的同事？跟他们共事会有什么感受呢？"这就会引起学员的注意，让学员想到身边的 M 型特质同事，联想起与 M 型特质同事工作时的情况。这就是通过提问增强学员的代入感。

增强代入感最简单的方法是用一个简单的背景介绍就把大家带入案例的情境。就像本书，在举例的时候，总是会加上类似的一句——"我在给某行业企业做内训师项目的时候""我们在给某行业企业做课程开发的时候"，最主要的目的就是让读者产生代入感，帮助读者马上想到那个场景，如果读者刚好是那个行业的，就更容易被代入。

在案例加工的时候介绍背景可以增强代入感。当然，如果是在课堂上，也可以运用"与主题相关的互动"技巧，上面的案例就用了"提问"的互动技巧。

第二，画面感。

用一两分钟时间就能把画面描述出来，比如，运用对话的场景，随着你的描述，学员眼前可以呈现出一幅画面，这就叫画面感。

本案例中，"身为项目指挥长的他目光炯炯，声音洪亮，语气坚定：'不管遇到多大阻力，必须在半年内完成改造。'"这段话，让学员和读者仿佛都能看到当时的场景。包括"谁拖延，谁反对，就处理谁"及"他扔下一句'志不同道不合，不相为谋'，摔门而去"，虽然文字不多，但都呈现出了强烈的画面感。

画面感看似简单，其实很难。关键就在于"画面"到底应该描述哪些内容，需要多长时间。

我们听一些培训师讲课，感觉某些培训师"讲得好"，原因之一就是案例讲得好，案例不长不短，画面描述非常精彩；相反，感觉另外一些培训师"讲得不好"，也是因为案例讲得不太好。

画面感在实例型案例和故事型案例中非常重要，在开发案例的时候，强调描述主要情节，训练故事呈现能力。

这个"M型特质的故事"一共400多字，呈现出几个画面，每个画面文字都很简练,让人印象深刻。

第三,参与感。

有的培训师讲的案例也非常生动,他自己很开心,甚至可能感动得流泪,却不能让台下的学员参与进来。

有人认为,这是没有互动,其实互动只是表象。如果向大家提问停留在表象,那么大家就很难参与进来。影响大家参与的根本原因之一是课程内容是否和学员经历有关,如果课程内容与学员的经历有关,把学员的旧知激活,他们自然就乐意参与了。

所以课堂上讲的案例,要结合现场学员的背景。人总是对跟自己相关、自己曾经经历过或者熟知的事物感兴趣。举例的时候要考虑到现场的学员,尽量用他们都知道的事情为案例,这也是以学习者为中心的体现。

案例:抓住兴趣点,引起共鸣

有一次在"湛卢七剑——精课磨坊"上,一位讲班组长标准化管理的D培训师提出了"建立标准、规则有利于管理"的论点。

D培训师首先让在场有孩子的人举手,很多人举起了手。然后D培训师说:"我也是一个五岁孩子的爸爸,我想分享一件我和孩子之间的事情。我想,大家作为父母都遇到过孩子不整理东西,东西乱摆乱放的情况,对吧?"很多人都点头。

D培训师接着说:"我也遇到了这个问题,大家知道我是怎么解决的吗?"这时现场很多人都精神起来,表示对这个话题很感兴趣。

D培训师讲了事情的来龙去脉,最后得出结论:要建立规则、标准,才有利于大家按照标准行事,提高管理绩效。

这位培训师就是抓住了大家的兴趣点，引起了共鸣，吸引大家参与到案例中。

当然，要挖掘关联学员的案例，就涉及课程主题设计中非常重要的一个环节——前期调研，要了解学员的基本背景，才能真正做到因材施教，找到与他们相关的案例。

运用 AI 五步优化案例

当找不到非常贴切的案例时，我们可以借助 AI 的智慧大脑来提供，如图 3-15 所示。

赋予角色 ➡ 明确目标 ➡ 描述需求 ➡ 注重场景化 ➡ 与 AI 交互优化

图 3-15　利用 AI 撰写案例

第一，要赋予 AI 一个专家角色。因为案例往往是有丰富经验的人才能够提供，所以首先要赋予 AI 这个岗位的专家或者资深员工的角色，让它提前进入状态。

> 问
>
> 请你扮演一个培训师的角色，帮我提供一个案例，案例的观点是"每个人上台都会紧张"，目的是让大家能够意识到任何人都会紧张这件事情。案例需要具体描述情节，有时间、地点、人物、经过、结果。字数在 300 字左右。

案例：TED 演讲者的紧张时刻

时间：2023 年 6 月 15 日

地点：纽约，TED 大会主会场

人物：艾米丽，一位著名的心理学家

经过：

艾米丽作为开场嘉宾，即将在 TED 大会上发表关于"克服公众演讲紧张"的演讲。尽管她是一位经验丰富的心理学家，对处理紧张情绪有着深入的研究和实践，但在上台前，她仍然感到心跳加速，手心出汗。她深呼吸，进行了几次正念冥想，然后自信地走上舞台。演讲开始时，她的声音略显颤抖，但随着演讲的进行，她逐渐放松，最终以一场精彩的演讲赢得了观众的热烈掌声。

结果：

艾米丽的坦诚分享让观众意识到，即使是专业人士也会紧张，关键在于如何管理和转化这种情绪。她不仅通过演讲传递了知识，也通过亲身示范鼓励了所有人，在面对紧张时要有积极的态度。

第二，要向 AI 表明你是为哪个知识点服务的，或者讲清某个知识点是为了实现什么目标。

第三，对 AI 描述案例的要求，比如必备的要素、字数要求、风格要求等。

第四，注重场景化，因为案例是要激活学员的旧知，只有与学员工作场景或者生活相关的案例，才容易激活。

第五，根据 AI 提供的案例，作为开发者，我们要自行斟酌，看是否符合要求，并对案例持续进行调整优化。

> 有没有中国的名人案例？

案例：董卿的春晚紧张时刻

时间：2015年春晚直播当晚

地点：央视春晚演播大厅

人物：董卿，知名央视主持人

经过：

董卿作为春晚舞台的常客，已经多次站在这个全国瞩目的舞台上。但那年春晚，她作为重要主持人，要把控全场节奏，开场前她内心十分忐忑。候场时，她感觉心跳不断加快，反复检查台词，可还是担心出错。

上台后，起初她的笑容有些紧绷，声音也微微发颤。但凭借多年积累的主持功底和强大的心理素质，她迅速调整状态，逐渐进入节奏，每一个串场、每一次互动都处理得恰到好处。

结果：

董卿顺利完成了春晚主持任务，赢得了观众的赞誉。她后来谈及此事，表示每次春晚都压力巨大，上台必然紧张。她的经历让大家明白，无论多么资深的名人，站在重要舞台上都会紧张，关键是如何克服紧张，出色完成任务。

运用 AI 开发案例，可以帮助我们找到素材。同时，我们还可以根据课程的需要，通过持续提问进行优化，并运用前面所讲的方法对案例进行编写和调整。这样，案例源自 AI，高于 AI。这里有两个关键点，第一是描述清楚案例的要求，第二就是持续提问。

学习活动开发

知识点和案例构成了课程内容的主要部分,这也是行业内大多数课程的特点。在建构主义教学看来,这些远远不够。无论是知识点还是案例,这都是培训师在讲,学员在听,属于被动学习。真正要点燃学员的学习热情,激发学员主动学习,达成教学目标,还需要开发学习活动。可以说,"没有学习活动,就不是建构主义教学"。

▶ 一、学习活动的分类

学习活动,分为辅助性学习活动和主题性学习活动。

1. 辅助性学习活动

辅助性学习活动是通常所说的互动活动,包括热身活动、破冰活动,以及激发学员参与性的奖励、游戏,等等。

辅助性学习活动表面上看与主题没有直接联系,但是能够激发学员参与,可以协助点燃学员热情。

7步成课：7D+AI精品课程开发

> **案例：游戏协助点燃学员热情**

某年劳动节，我们应邀给一家城市农商行做版权课程"概念图思维"。

开场的时候，助教带领大家玩了一个"乌鸦和乌龟的故事"的经典小游戏，游戏时长不到5分钟，立刻点燃了全场。

接下来的正式培训中，大家更是积极参与，踊跃发言，两天培训里气氛一直燃到底。项目结束后，大家的评价都非常好。银行负责人说："这两天本来是假期，我还担心大家的参与性，结果没想到大家这么积极地参与，让我们这个五一节非常有意义。"

除了课程本身，辅助性学习活动也非常重要。当然，辅助性学习活动与主题没有直接关联，做得太多就会淡化主题，让参与者产生"形式大于内容"的感觉，带来不好的效果，所以要慎重使用。

辅助性学习活动的开发和呈现，也是培训师的基本功，相关书籍和课程很多，不再赘述。

2. 主题性学习活动

辅助性学习活动只是协助点燃学员，真正点燃学员还要靠主题性学习活动。本书中提到的"学习活动"也都是指主题性学习活动。

主题性学习活动，指围绕某个具体问题及任务，以学习者为主体参与建构，并获得学习成果的教学活动。

这里有几个关键点。

（1）具体问题及任务

这是运用学习活动的前提和目标，学习活动最终是要完成任务或者解决问题。如果没有问题和任务，就不需要学习活动。如果通过培训师讲授就能达到学习效果，也不需要用学习活动。

这里的"问题"是指劣构问题，即比较复杂的、难度较大的问题。如果是比较简单的良构问题，培训师讲解并做简单互动即可解决。

（2）以学习者为主体

在整个学习活动中，学习者是作为主体参与其中的，包括参与深度思考、讨论、训练、实操等。学习活动本质上是由学习者自己解决问题、完成任务的过程。

培训师是问题及任务的提出者、规则的制定者、流程的监督者、学习的引导者，是真正的点燃者，甚至有时是课程的旁观者。

（3）获得学习成果

这是学习活动的最终目标，如果没有获得学习成果，那学习活动则是失败的，或者无效的。

这三个关键点缺一不可，既是学习活动与其他互动活动的区别所在，更是建构主义价值的真正体现。

二、学习活动开发的三个原则

1. 聚焦性原则

学习活动的根本目的是让学习者解决比较复杂的问题，即劣构问题，而不仅仅是看起来热闹。

良构问题要么不用进入课程，要么依靠培训师讲授等传统方式即可解决；病构问题非常复杂，在有限的时间内解决不了，最好也不要进入课程；劣构问题就可以用学习活动来解决。

7步成课：7D+AI精品课程开发

案例：如何安排内容

有一次给某电子研究所做教学设计项目，我跟一位老专家交流。

老专家：我的课程知识点非常多，我就单纯用讲授的方式可能时间都还不够，如果再加上学习活动，时间是不是更不够？我们所里对每门课程是有时间限制的，通常是3小时以内，在有限的时间里应该如何安排学习活动呢？

我：嗯，这是企业内训师通常会遇到的问题。请问，以前通过单纯地讲授知识点，你感觉学员学得怎么样？

老专家：他们学得不是太好，所以才安排我们来参加培训。

我：他们学得不太好，是不是说明传统教学方式需要转变呢？

老专家：嗯，明白了，我安排学习活动。但是课程内容太多了，时间不够呀。

我：那所有内容是不是只能通过你的讲授他们才能学到？

老专家：这倒不一定。很多内容他们应该也是懂的，毕竟进入所里的人都是学这个专业的，大多数人学历都不低。

我：那些内容既然他们都懂了，还需要你再给他们讲吗？

老专家：哦，我明白了，我应该讲他们不懂的内容。难度小的内容用讲解的方式，难度大的内容就用学习活动的方式。还有他们都懂的内容可以打印资料让他们自己学习，这样可以节省很多时间。

2. 有效性原则

学习活动的有效性包括两层含义。

第一是指学习效果，学习活动的目的是让学员解决问题，如果没有解决问题，就没有达到学习效果，这个学习活动就没有价值。

第二是指学习效益，以相对更小的投入取得更好的学习效果，即取得了更好的学习效益。更重要的是，获得同样的学习效果有很多种方式，要选择相对好的方式。

本书总结出四种最常见的学习活动（详见后文），有些问题是可以选择多种学习活动的，那么就要选择其中最有效的一种。这要求培训师对学习活动很熟悉，对学员很熟悉。

案例：科研单位的学习活动

> 在某航天研究院"导师七剑——科研导师的核心技术"项目中，我们设计了案例分析、技能演练和成果展示等学习活动，尤其以案例分析型学习活动为主，并且在调研中收集了一些案例。
>
> 在项目交付过程中，我们发现航天专家们不太喜欢表达，更不愿意进行激烈的研讨和辩论，他们喜欢踏踏实实的操作。同时因为保密原则，他们也不太愿意把单位的真实案例拿出来深入讨论。
>
> 因此在教学过程中，我们及时调整，把本来要做的案例分析型学习活动改为技能演练型学习活动，更多地让航天专家实操和练习。他们也做到了积极参与，一燃到底。

3. 把控性原则

教学的目的是让学习者解决问题。这是行业共识，但是很多培训师还是不愿意做学习活动，其中一个重要原因就是学习活动难以把控。

做学习活动，要求培训师既要有专业的学习活动设计能力，还要有控场能力、引导学习者参与的能力、协调各个小组进度的能力、处理突发事件的能力。所以，很多培训师不敢操作学习活动，选择自己一讲到底，以避免出现教学事故。

学习活动的把控是确保学习活动顺利开展的必要保障，需要不断实践、不断优化。

在开发学习活动的时候，要掌握聚焦性、有效性和把控性三个原则。这是学习活动开发的总体原则，具体某类学习活动的原则可能略有不同，后文会分别阐述。当然，这三个原则还体现在学习活动的实施和交付中。

三、学习活动的四种类型

根据学习活动的内容和操作流程，学习活动可以分为四种类型：问题讨论型、技能演练型、案例分析型和成果展示型（见图3-16）。

图3-16　学习活动的类型

学习活动是最能体现建构主义教学思想的内容，也是让学习者真正进行建构的重要方式，更是课程开发的核心内容。学习活动是目前课程开发领域中的难点和痛点，操作难度较大，所以我们把四类学习活动并列，在下文用四节着重介绍。

问题讨论型学习活动的开发

所谓问题讨论型学习活动,就是聚焦某一个劣构主题,设计成问题的形式,让学习者围绕这个问题进行讨论,由学习者找到解决方案的主题性学习活动。

一、问题讨论型学习活动的三个关键点

1. 聚焦劣构问题

聚焦劣构问题,即直接提出一个难度较大的问题,这个问题要是开放性的,没有更多背景,引导学习者对问题进行讨论。

比如,在开发新员工入职培训课程中,主题是"公司的企业文化",把主要内容讲完后,为了检验学习者的学习成果,让新员工更加认同企业,尽早融入企业,可以直接提出问题:如何成为一名合格的员工?这就是直接提出了一个比较复杂的问题。

2. 学习者参与讨论

问题讨论型学习活动的关键在于讨论,而且讨论过程中以学习者为

主体，培训师只需要发挥引导作用。一定不是培训师一个人讲解，培训师的讲解是为了助力学习者更好地讨论。

本来是让学习者讨论，结果培训师夸夸其谈，比学习者讲得还多。这是种假的讨论，不是有意义的学习活动。

3. 达成共识

问题讨论型学习活动可以归纳为：培训师提出问题，学习者找到答案，师生达成共识。这是一种真正的师生共建的深度学习。

在问题讨论型学习活动中，培训师不一定知道全部答案，更没有标准答案，这个问题对于培训师来说可能是劣构问题。

> 案例：问题讨论型学习活动带来的收获
>
> 在给某通信企业开发定制版权课程的现场，学员L培训师分享了他的经历：
>
> 我是我们企业的一级培训师，经常要给全国各地的同事上课，他们的职务级别大多比我高，我给他们上课其实是有些紧张的，害怕他们不认可我，甚至挑战我，因为我确实遇到过这种情况。但是，自从去年上了"建构主义7D精品课程开发"课程后，我在课程中加入了学习活动，尤其是问题讨论型学习活动，取得了很好的效果。
>
> 我的一门课程是"跨部门沟通"。在课程中，我采用了问题讨论型学习活动的方式提出问题：在跨部门沟通中最大的挑战是什么？你是如何克服的？
>
> 其实，我在工作中跨部门沟通的经历并不多，这部分内容讲得

比较浅，也没有案例。但是这些一线岗位工作的同事有非常多的相关经历，讨论了很多内容，提供了很多实际案例，还归纳出了实用的方法。

　　我总结了一下，通过问题讨论型学习活动，我有几大收获：第一是现场学习氛围很好，大家的参与性很高，根本不需要我来点燃；第二是大家讨论和总结出来的方法非常多，使我得以吸收并充实课程内容，让课程更有深度；第三是提高了我的实际沟通水平，我尝试用课堂中讨论出的内容去实践，发现了很有用的方法，同时也发现了原本内容中某些方法不太合适，反过来优化了课程。

　　我现在迷上了建构主义，上课的时候再看到"干讲"的培训师，都会忍不住想建议他搞几个学习活动。

问题讨论型学习活动是展示学习者才华的舞台，也是课程开发师和培训师博采众长的好时机。面对一个劣构问题的时候，学习者的答案可以扩展你的认知，甚至把劣构问题变成良构问题，这个过程中收获最大的其实是培训师。

二、问题讨论型学习活动开发流程：CISR 模型

问题讨论型学习活动的开发流程可以归纳为四步（见图 3-17）。

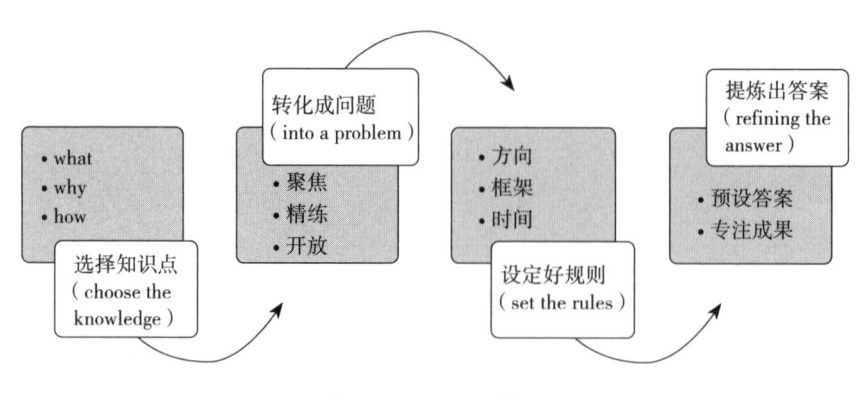

图 3-17　CISR 模型

1. 选择知识点（choose the knowledge）

首先要选出哪些知识点可以转化成问题进行讨论。我们通常把知识点分为知识、态度和技能三类，变成问题的表达就是 what、why、how。那么，什么样的知识点适合做问题讨论型学习活动？

（1）what（知识、概念、含义）

通常来说，知识类内容一般不太适合用问题讨论型学习活动，也不太适合其他类型学习活动，而适合用讲授的方式，也就是"知识+概念"的方式。

这部分内容相对简单，大多数是良构问题，就算学习者对于这些知识点掌握不多，也可以通过自己学习、查阅资料的方式解决，采用问题讨论型学习活动进行讲授的相对较少。

比如最常见的企业文化类课程，关于公司价值观的内容，一般来说采用讲解的方式就行，不用组织讨论活动。如果组织了问题讨论：请大家一起来讨论一下公司的价值观是什么？大家可能会觉得问题太过简单，没有兴趣。

（2）why（态度、作用、价值）

态度类内容属于意识、看法、观念，可以表达为意义、作用和价值。这类问题根据不同的对象，可能是良构问题，也可能是劣构问题。如果是良构问题则不需要讨论，如果是劣构问题，可以做问题讨论，启发大家的意识，统一大家的看法。

同样以企业文化类课程为例，如果学员是公司的资深员工及管理层，他们对企业价值观的意义和价值是掌握了的，这就属于良构问题，就不需要讨论。

当然，如果某一段时间公司中出现了不好的苗头，出现了很多违背公司价值观的现象，很多行为不符合公司的企业文化，就表明管理层对于公司文化和价值观的理解出现了偏差，本来的良构问题就变成了劣构问题，这就可以组织问题讨论型学习活动，通过讨论加深大家的认知，转变大家的观念。

如果学员是新员工，虽然他们知道公司价值观的内容，但是对于其具体含义、作用和价值未必能真正理解，这时就可以设计成问题讨论型学习活动：

> 各位新同事，刚刚给大家分享了我们公司的价值观和12字方针，那么这些价值观的具体含义是什么？这些方针有什么价值？它们对于我们新员工有什么重要意义呢？请大家来深入讨论一下。

（3）how（技能、方法、流程）

技能类内容包括操作方法、技巧和流程等。这类问题是适合采用问题讨论型学习活动的。当然，也要分出良构问题、劣构问题和病构问题。

良构问题的答案比较明确、清楚、标准，通过培训师的讲解，以及学员自己学习可以解决，没有讨论的必要性。有些培训师往往认识不清楚，以为只要是技能方面的内容都必须用学习活动，这就是把简单的问题复杂化了。

永远记住：良构问题不需要用学习活动。学习活动一定是针对劣构问题进行的。学员存在不足的、有欠缺的、自己又难以解决的问题时，必须用学习活动。

同样是企业文化类课程，其中价值观、行为方针方面的内容，可以设计成问题讨论型学习活动：

> 各位新同事，我们刚刚学习了公司的价值观和12字方针，那么，如何用这些价值观来指导我们的行为呢？如何成为一名符合公司文化的员工呢？我们一起来深入讨论一下。

这其实就是how的问题，具体怎么做，不一定有标准答案，培训师的讲解也不一定有效，因为不是学员自己的建构。

通过组织大家讨论，可以发现很多种方法和做法。关键在于这些方法和做法是大家讨论得出的结论，是共同建构的产物，大家更容易理解和接受，也更容易操作和实践。

选择知识点，除了要根据学员状况来评价是否为劣构问题之外，还需要注意内容的重要性。如果不是重要内容，也不一定要采用问题讨论的形式。因为课程时间有限，学习活动会花费很长时间，要注意效率。

总之，选择知识点的要求是：选择重要的劣构问题作为讨论的内容。

2. 转化成问题（into a problem）

问题讨论型学习活动肯定要把选中的知识点转化成问题，用问题的方式呈现出来。

这一步很关键，需要遵循三个原则。

（1）聚焦性

设置的问题要明确、聚焦，是具体的问题。让学员明确要讨论哪个方面，不能太宽泛，要限制在一定的背景和场景中。

比如上文的问题"各位新同事，我们刚刚学习了公司的价值观和12字方针，那么，如何用这些价值观来指导我们的行为呢？如何成为一名符合公司文化的员工呢？我们一起来深入讨论一下"，这里就离不开企业文化和价值观这些关键要素，如果没有这些要素，就变成了"如何成为合格的公司员工"。这样的问题就太宽泛，让学员无从下手，更无法讨论。就算是讨论出来，答案也会千奇百怪、花样百出。

（2）精练性

在设计讨论任务的时候要专注、简练，一次性讨论的问题不能太多。

如果问题本身有关联性，可以设计成连续性问题，但最好不超过三个。如果问题没有关联性，最好一次讨论一个。

问题太多，会让学员产生混乱，不知道从哪个问题开始，还会分散精力，不能做到深入讨论，只是泛泛而谈。

对于培训师来说，也不好把控全场，培训师可能会疲于应对学员的各种询问，无法推进学习活动。

（3）开放性

设置的问题应该属于开放性问题，而不是封闭性的。开放性问题有多种答案，可以让大家头脑风暴，充分发挥学员的主动性进行讨论，这才是真正的点燃。

继续以企业文化类课程为例，"各位新同事，我们刚刚学习了公司的价值观和12字方针，那么，如何用这些价值观来指导我们的行为呢？如何成为一名符合公司文化的员工呢?我们一起来深入讨论一下"是开放性问题。

如果是封闭性问题,就变成:"各位新同事,我们刚刚学习了公司的价值观和 12 字方针,那么,我们应该不应该用这些价值观来指导我们的行为呢?我们要不要做符合公司文化的员工呢?我们一起来深入讨论一下。"

这样的问题,学员很快就能够得出答案:"应该""要"。这还需要讨论什么呢?

> **小贴士**
>
> 开放的问题是点燃,封闭的问题是熄灭。

3. 设定好规则(set the rules)

问题设置出来,要提前想好在课堂上应该如何实施,包括规定框架、时间要求、如何讨论、如何呈现等问题。学员在明确的规则下,才能够高效地完成讨论任务。

> **案例:理想的车是什么样的**
>
> 在一家汽车企业的培训课堂上,有一位 H 培训师运用学习活动,让大家讨论一下心目中理想的车是什么样的。经过一番讨论,大家都呈现了自己的答案,有从车型考虑的,有从油耗考虑的,还有从性价比考虑的。
>
> 这时候,H 培训师面露难色地说:是我的问题,讨论收不回来了,我没有引导出想要的答案。我问:那你想要什么样的答案呢?

他说：我想让大家从车的设计技术、性能、外观几个方面来讨论，结果大家基本都是集中在外观和油耗上。

这就是没有给大家明确的框架和方向，让大家自由发挥造成的结果。在限定答案框架的时候，也要注意规范答案的数量，如果没有数量要求，学员的答案就会很乱，有的很多，有的很少。

小贴士

建构主义教学的点燃就像定向爆破，培训师引导学习者在规定的范围内爆炸，不盲目引爆，以免引起混乱。

4. 提炼出答案（refining the answer）

虽然问题讨论型学习活动讨论的是开放性问题，答案不唯一、不固定，但培训师还是要对问题的答案有预设，以便在大家讨论之后进行总结、升华。

前面提到，问题讨论型学习活动是相对容易掌握的学习活动，很少出现失控的状况。相对有点难度的是第四步，归纳提炼出答案。

虽然建构主义强调培训师和学员是平等关系，培训师可能也会申明"我不是专家"，但是在学员心目中培训师要比他们优秀，因此他们还是希望培训师提供更优答案。

另外，学员还有一种心理，就是自己花了心思讨论的内容，希望得到培训师的回应，要么是支持和认可，要么是反对和否定，不管怎样，培训师总得"给个说法"。

对于培训师来说，本身也有反馈的职责。如果发现大家讨论的结果存在某些偏差，甚至错误，要及时纠正；如果大家的答案很好，也要给予认可和鼓励。总之，要给出一个评价。

所以，归纳提炼答案是必不可少的。

归纳提炼答案是否到位，反馈是否科学，是衡量培训师水平的重要指标。对很多培训师，尤其是新手培训师来说，这是最大的挑战。

小贴士

点燃之后，要欣赏风景，更要提炼精华。

问题讨论型学习活动流程环环相扣，互动推进，缺一不可。除了在课程开发中运用外，还需要在课程交付中不断实践和完善。尤其是在时间规划方面，可能会有各种突发事件，都必须在实践中成长。

接下来用一个完整案例来展示这个过程。

案例：设计企业文化类课程的问题讨论

有一次给某互联网金融企业做内部课程开发，他们的人力资源部长 W 培训师开发了一门企业文化类课程，在学习建构主义教学后，W 培训师运用 CISR 模型，把本来的讲授型内容变成了问题讨论型学习活动。

第一步，选择知识点。企业文化类课程内容很多，哪个知识点可以讨论呢？首先明确对象，培训的对象是新入职的大学毕业生，目的是让他们知道企业文化是什么，有什么内涵，企业为什么要有企业文化及如何践行企业文化。

所以对他们来说，企业文化包含什么是个良构问题，不需要讨论，企业文化对企业有什么价值，他们的理解相对不那么深刻。而只有理解了文化的价值和意义,他们才能更好地践行企业文化。于是,W培训师选中了"企业文化的价值和意义"作为讨论点,进行设计。

第二步,转化成问题。根据问题的开放性原则和数量要求,W培训师设置的问题是:我们公司企业文化的价值有哪些?对于新员工的实际工作有什么指导意义?

第三步,设定好规则。W培训师设定的规则是:以小组为单位进行讨论,每个问题给三个答案;时长5分钟(实际上是15分钟);将讨论结果写在纸上,并选一位代表讲出来。

第四步,提炼出答案。W培训师将员工行为守则和企业文化方针相结合,做了提炼和总结,向企业分管领导汇报,得到肯定答复,并且获得新的指导。W培训师对这些内容都做好了充分准备。

W培训师在实际培训中不断优化和完善课程内容和形式,沉淀出一门经典课程,并成为该企业新员工入职培训的必修课程。

三、开发问题讨论型学习活动的四个注意事项

问题讨论型学习活动是相对容易操作,又容易出效果的学习活动,是真正点燃学员热情的法宝,是每一位建构主义课程开发师必须掌握的技能。

在开发问题讨论型学习活动的时候,要强调以下几个方面:

第一,要选择对于学员来说是劣构问题的问题。

第二,要限定问题讨论的框架和范围。

第三,要归纳、提炼和总结。

第四，要注意安排好时间点。问题讨论型学习活动通常安排在正课环节，是课程的核心内容；也可以安排在导课部分，在课程开始就迅速点燃学员热情。

问题讨论型学习活动一般不要安排在结课环节，主要因为：一是问题讨论型学习活动时间不太好把控，放在最后不好控制下课时间；二是问题讨论型学习活动通过深入讨论后，可能会暴露更多问题，在结课环节已经没有时间解决这些问题了；三是在结课环节通常用的是成果展示型学习活动，如果再加上问题讨论就显得学习活动太多，不好把控。

四、问题讨论型学习活动的标准模板

为了让大家在开发学习活动的时候，设计出条理清晰、实用、有效的活动，现提供一个学习活动的模板（见表3-3）。大家按照模板填写，就可以形成一个可操作的学习活动。

表3-3　问题讨论型学习活动模板

知识点	问题描述	活动规则（学员）	实施步骤（培训师）	时长预估

知识点：这个学习活动所对应的知识点是什么。培训师需要非常清楚活动的目的，是运用知识，还是引出知识。

问题描述：要对知识点提问题，问题的具体内容是什么，要具备前面所提到的聚焦性、精练性、开放性原则，尽量一次聚焦讨论一个问题。

活动规则：在课堂中培训师希望学员做哪些事情，需要用多长时间，用什么形式呈现出来，要思考和罗列清楚。

实施步骤：培训师如何发布规则，过程中需要做什么，结束的时候计划如何收尾，要不要预设准备答案等，也要思考清楚。

时长预估：任何活动都要有一个理想状态下的预估，便于在实际操作中把控整体节奏。

表 3-4 是某次问题讨论型学习活动，作为示例供参考。

表 3-4 问题讨论型学习活动示例

知识点	问题描述	活动规则（学员）	实施步骤（培训师）	时长预估
企业文化的理解	请研讨日常工作中哪些行为符合公司的企业文化	1. 以组为单位讨论，每组写出 3~5 条行为 2. 组长汇总，写到 A4 纸上 3. 各小组按完成顺序发言 4. 前面发言小组讲过的，后面发言的不必重复讲	1. 提前讲解企业文化内涵 2. 发布规则 3. 学员讨论的时候，培训师需要实时观察、督促，提供相应辅导 4. 学员小组分享后，邀请学员互评，培训师给予奖励 5. 培训师最后做整体评估	20 分钟

运用 AI 开发问题讨论型学习活动

我们有了这个模板，就相当于有了标准，我们同样可以运用 AI 来协助进行学习活动设计。可以从教学的目的、想要达到的效果等方面，让 AI 提供问题，写出活动规则、实施流程等细节要求（见图 3-18）。

描述背景 ➡ 提出问题 ➡ 明确要求

图 3-18 运用 AI 开发问题讨论型学习活动

问

我正在开发一门企业文化的课程，学员对象是新员工，课程中要给大家讲解公司企业文化的内涵，讲完之后，我想通过一个问题讨论型的学习活动，来看一下学员对企业文化的理解程度。想要的效果是全员能够参与讨论，以小组方式讨论。请按照这个要求，编写一个问题，并列出活动的规则，实施的流程，大概时长。

AI

问题：在你看来，我们公司的企业文化如何体现在你的日常工作中？请给出具体的例子。

活动规则：

• 分组：将学员分成4~6人的小组，确保每个小组的成员来自不同的部门，以促进多元化的观点交流。

• 时间限制：每个小组有15分钟的时间进行讨论，之后有5分钟的时间准备小组的总结发言。

• 记录：每个小组需要选出一名记录员，负责记录讨论的要点和小组的共识。

• 发言：每个小组选出一名代表，向全班汇报讨论结果，时间限制为3分钟。

• 互动：在每个小组发言结束后，允许其他小组成员提问或补充，时间限制为2分钟。

• 评分：设立评分标准，包括讨论的深度、广度、团队合作和表达能力，由培训师和学员共同评分。

实施流程：

• 引入：课程开始时，简要介绍企业文化的重要性，并提出讨论问题。

- 分组：根据规则将学员分组，并确保每个小组都有不同部门的代表。

- 讨论：给每个小组15分钟的时间讨论问题，培训师可以巡回指导，确保讨论的顺利进行。

- 汇报：每个小组的代表汇报讨论结果，其他小组成员可以提问或补充。

- 反馈：培训师对每个小组的汇报进行点评，提供反馈和建议。

- 总结：培训师总结整个讨论活动，强调企业文化的核心价值和在日常工作中的应用。

- 评分：根据评分标准，对每个小组的表现进行评分，可以作为课程的一部分成绩。

注意，通过 AI 工具做出的问题讨论型学习活动，大家可以根据自己课程的具体情况进行优化和完善。

学习任务：

请关注自己所开发课程的结构图，标注问题讨论型学习活动。借助 AI 工具，按照问题讨论型学习活动开发的四个步骤，把讨论的具体内容写下来，设计成问题讨论型学习活动。

技能演练型学习活动的开发

技能演练型学习活动，指的是针对某项技能设定操作标准和流程，学习者通过实操演练，最终掌握该项技能的学习活动。

> **小花絮**
>
> 根据技能的性质和特点，可以把技能分成肢体技能和思维技能，也叫操作技能和智慧技能。可以简单地理解为：操作技能是动手的，智慧技能是动脑的。
>
> 实际上，操作技能和智慧技能并不是完全分开的，而是相互关联的。无论什么技能都可以通过训练形成，也都可以通过科学的训练得到提高，这是技能演练型学习活动的基础。因此，技能演练型学习活动中的技能包括了各项技能，本书不做区分。

从名称上可以看出，技能演练型学习活动聚焦于技能类课程内容，知识类和态度类内容不适合用技能演练型学习活动。

一、技能演练型学习活动的三个关键点

1. 聚焦关键的劣构技能

首先，技能演练型学习活动聚焦于技能，而问题讨论型学习活动也会涉及技能的内容，二者有什么区别？表3-5展示了对同一个知识点做成两类学习活动的区别。

表3-5 两类学习活动的区别

活动类型	目的	成果
问题讨论型学习活动	找到方法和方案	共识出答案
技能演练型学习活动	演练和实操	掌握相关技能

以"内训师如何克服上台紧张"为例，来看两者的区别。

如果是问题讨论型学习活动，操作过程是：

内训师如何克服上台的紧张呢？具体有哪些方法？请大家积极讨论，每组总结出5种方法，写在纸上，然后请一位伙伴上台来分享。时间一共5分钟，请组长组织大家立即行动起来。

几分钟以后，各小组代表分享，培训师总结提炼，最后概括为内训师克服上台紧张的10种方法，包括积极暗示法、深呼吸法等。问题讨论型学习活动就结束了。

如果是技能演练型学习活动，现场操作过程是：

对于企业内训师，克服上台的紧张是必须掌握的技能，可以归纳为10种方法，我们这里重点训练"深呼吸法"。接下来我给大家

讲解操作步骤，大家按照这些要求严格演练，然后进行考核，逐一过关。我一边讲一边示范，请大家照着学。

深呼吸的第一步，正确呼吸，要求是用鼻子呼吸……

第二步，深呼吸，要求是……

第三步，调节呼吸，要求是"细、匀、深、长"，具体做法是……

请各个小组组长组织一下，严格按照上面的步骤练习，一会儿上台展示。

通过大家的展示，可以看出大家基本都掌握了呼吸的方法。运用这些方法，就能有效克服上台时的紧张了。

通过这个案例，我们可以直接看出两者的区别。问题讨论型学习活动是讨论出了方法，技能演练型学习活动是要掌握这种方法。

注意，上文的案例包括了开发和呈现，如果仅仅是学习活动的开发，只需要关键的内容即可。

其次，技能演练型学习活动针对的是关键技能，并不是所有技能。每一门课程相关的技能都很多，如果每一项技能都要这么训练，时间是远远不够的。

关键技能一定是从学习者的角度筛选的、非常重要的、价值非常大的劣构类技能。如果技能比较简单，就是良构类技能，学习者可以自己学习，或者通过培训师讲解达成目标，这样的技能不需要用学习活动的方式；如果学习者感觉技能太难了，则属于病构类技能，采用学习活动也是没有效果的。

在"内训师如何克服上台紧张"的案例中，为什么选择"深呼吸法"作为技能演练型学习活动？第一个原因，"深呼吸法"是很有效的方法；第二个原因，大多数人不会真正的深呼吸；第三个原因，通过短时间训练大家都可以掌握；第四个原因，学会了深呼吸不仅可以克服紧张，还能学会正确发声，保护嗓子，这也是内训师的关键技能需求。

综上所述，技能演练型学习活动是针对有重要作用的、能够较快掌握的劣构类技能的学习活动。

2. 清晰的标准和流程

技能演练型学习活动是需要训练和练习的，这就要求有训练标准。

如果说在问题讨论型学习活动中培训师还有机会"取巧"的话——因为问题对于培训师来说可能是劣构问题，技能演练型学习活动的内容对于培训师来说则一定是良构问题——这就要求培训师必须做出表率：你要求学习者做到，首先自己要做到。培训师不仅自己要做到，还要能总结归纳出一套模式，通过这套模式训练学习者，提高其技能。

前文的"深呼吸法"，如果培训师自己都不会深呼吸，又如何教大家？

技能演练型学习活动的培训价值所在，是"让学习者学会用技术解决问题"。"用技术"就是运用某个具体的操作方法和流程，"学会解决问题"就是掌握某项技能，所以操作方法和流程是关键，也是技能演练型学习活动中难度最大的环节。

3. 以学习者掌握相关技能为目标

技能演练型学习活动的目标非常明确，即学习者要掌握该项技能。

是否达成了目标是可以衡量的，是否掌握了某项技能也是可以衡量的。

前文的"深呼吸法"，是否掌握了这种方法是可以衡量的，能否用这种方法克服紧张也是可以衡量的。事实上，在真实的课堂情境中，很紧张的学习者通过这样反复演练，大多数都会缓解紧张。

衡量是否掌握了某项技能，主要通过两种方式：如果是操作技能，可以考察行为的变化，比如"深呼吸法"，是否学会了深呼吸，通过其行为是可以看到的；如果是智慧技能，可以考察可视化成果。

总之，技能演练型学习活动就是聚焦重要的、有难度的技能，让学习者通过科学的训练掌握和提高该项技能的学习活动。

二、技能演练型学习活动开发流程：STPS 模型

学习了技能演练型学习活动的概念，接下来就要学习如何具体开发学习活动。开发一项技能演练型学习活动，需要遵循以下四个步骤（见图 3-19）。

技能选择（skills choosing）→ 任务设定（task setting）→ 流程规划（process planning）→ 标准制定（standard making）

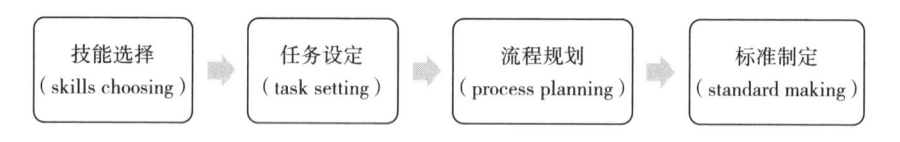

图 3-19　STPS 模型

1. 技能选择（skills choosing）

课程包括的技能类内容很多，什么内容应该用技能演练型学习活动呢？可以从以下几个角度考虑：

（1）与目标直接关联的内容

从内容角度，应选择与目标直接关联的、最能够实现课程目标的内容，开发成技能演练型学习活动。

（2）学习者最需要的内容

从学习者角度，应将他们最需要的内容，也就是劣构问题，开发成

技能演练型学习活动。

（3）最有可能实现的内容

学习者需要掌握的技能很多，但培训只是提高技能的一种方式。学习活动并不能帮助学习者掌握所有技能。培训师要准确评估各类技能，选择相应的技能，采用相应的学习活动。要采用与学习目标关系紧密的、学员急需的，又能够立竿见影的异构内容，开发成技能演练型学习活动。

2. 任务设定（task setting）

选择具体的技能后，如何把学习者与具体技能连接起来呢？同时掌握某些技能需要多种行为能力，又如何将这些行为各项联系在一起形成一个整体呢？

设置一个完整的任务，围绕技能把学习者的各项行为能力连成一个整体，本书第二章已经做过相关介绍。

可以用任务驱动的方式把学习者各项行为能力连成一体，方便学习者掌握具体技能。科学地设置任务是技能演练型学习活动的关键，无论是操作技能还是智慧技能，都可以通过完成任务的方式来练习和掌握。

如何根据技能来设置某项匹配的任务呢？

一是基于理论基础。培训师应该是该领域的内容专家，能够辨析技能背后的逻辑含义，而且能够匹配相应的任务。如果对该领域一无所知，是无法科学地设置任务的。

二是实践的经验。培训师在实践工作中曾经完成过这样的任务，因而有经验。

> 案例：自主版权"概念图思维"的开发过程
>
> "概念图思维"是湛卢坊的版权课程，先后进行了好几轮研发。在课程开发过程中，由小语培训师领衔的开发团队大量阅读和学习了相关书籍，也参加了很多思维类课程培训，包括"金字塔原理""六顶思考帽""结构性思维""概念图""思维导图""深度思考""极简思维""逻辑思维""创造性思维""批判性思维"等，为课程奠定了坚实的理论基础。
>
> 在课程开发过程中，围绕"将各种思维可视化"这个关键点，把常用思维分为发散型思维、分析型思维、综合型思维等，为每一种思维类型设置了相应的操作工具，配备了相应的任务。比如发散型思维用气泡图、分析型思维用树形图等。
>
> 同时，在课程开发过程中，要不断实践，包括课程的打磨、试讲、实际运用，这样才能积累丰富的经验，最终形成成熟的课程。

专业的理论和丰富的实践是设置任务的基础，也是本书一直倡导的理念——"培训师一定是有深厚理论和丰富实践的内容专家"。

3. 流程规划（process planning）

设置任务后，要对任务进行分解，便于逐步完成任务。任务分解就是规划完成任务的流程和步骤。

任务设定和流程规划是紧密关联的。如果任务设定得太复杂，无法分解成具体步骤，就不能操作，这也反过来说明了任务设定是有问题的。

把流程构建为标准化、规范化的操作模型，称为建立模型，简称建模。建立模型是有技术含量的，无论是开发课程，还是开发具体的操作步骤，建立模型都需要很强的技术能力。本书多处涉及了建模内容。

很多经典的版权课程，是各种要素的重新组合。

建模，是在借鉴和参考他人智慧的基础上对内容进行组合和优化，是课程开发的基本逻辑，也是流程规划的基本思路。加上丰富的实践、不断的优化，最后固定下来，成为标准化的操作模型。这样才能确保流程不是胡编乱造的，而是有普适性的，适合更多人使用。

在流程规划这个环节，还可以直接引用相关内容，借用其他模型。

案例：FAB 法则

> 销售领域有一个著名的 FAB 法则，对应的是属性（feature）、作用（advantage）和益处（benefit）。这是典型的产品优势介绍流程。这个流程被反复验证过，培训师可以带领学习者按照它来进行练习。

4. 标准制定（standard making）

在规划好流程后，还要制定具体的标准，对流程的每一个环节设定标准和要求。这些标准就是学习者演练的操作规范，也是考察学习者是否掌握的依据。标准也是对流程每一步的细化。

在制定流程标准的时候，有以下几个注意事项：

首先，流程标准要符合场景需要。

在模型标准化基础上，具体的场景可以优化。

其次，流程标准坚持以学员为中心。

在课程开发的时候，要根据学员的层次、年龄等，设计学员经过学习可以达到的标准。

7步成课：7D+AI精品课程开发

> **案例：7D课程的变化**

本书的核心内容"7D精品课程开发"会根据学员情况有所调整：如果是企业内训，通常标准制定为5D；如果学员是职业培训师，通常标准制定为7D；如果企业内训时间长，有三天两夜的时间，就用7D；如果是两天一夜的时间就用5D。而且，每个内容对不同的学员有不同的要求。比如在课程名称上，一般内训师只需要做到"对象＋内容"就行。但是，如果企业想开发版权课程，名称方面就要有更高的要求，比如加上"广告词"。

最后，流程标准要非常清晰。

标准是可衡量的，学员应知道做到何种程度才能达标；经过培训之后，也知道自己做得如何，是否符合标准要求。

为便于读者理解，接下来，我们用一个前文提到过的案例来说明。

> **案例：深呼吸克服紧张**

背景：内训师常见的一个挑战是上台紧张甚至恐惧。为了帮助内训师有效地克服紧张，要开发出克服紧张的10种方法。但是因为现场培训时间有限，仅选择"深呼吸法"，采用技能演练型学习活动。

首先，技能选择：内训师有效克服紧张。

该企业的内训师都是刚刚入行的，是内容专家，有很多实践经验，但是从来没有授课经验，也没有上台讲话的经验。

其次，任务设定：用深呼吸法克服紧张。

任务就是让内训师运用深呼吸的方法克服上台紧张。

采用深呼吸法的原因：一是大多数学员不懂得如何正确地深呼吸；二是深呼吸法便于操作，效果立竿见影；三是深呼吸是训练声音的基础，训练深呼吸可以为后面的声音训练奠定基础。

再次，流程规划：深呼吸的训练步骤。

训练深呼吸的步骤是：第一步，正确地呼吸；第二步，深呼吸；第三步，调节呼吸，要求是"细、匀、深、长"。

最后，标准制定。

深呼吸三个步骤的具体标准是：正确地深呼吸标准是用鼻子把空气吸入，再通过鼻腔把气息排出来。深呼吸的标准是腹部反应，吸气要求肚子鼓起来，呼气要求肚子凹进去，腹部变化越大越好。呼吸中"细、匀、深、长"的具体要求是……（注："细、匀、深、长"是笔者在学习太极拳时用到的方法，也是道家的养生方法，需要培训师现场指导才能更好地掌握，故此处省略。）

三、开发技能演练型学习活动的二个注意事项

在开发技能演练型学习活动时，有几点需要强调：

第一，开发者必须是内容专家。必须确保技能的要求和标准是科学的、规范的，是可被学习和掌握的。

第二，注意技能演练的难度。要结合课堂授课的特定场景，在有限的时间内让学员学会，并且是可被验证的。

第二，注意技能的价值性。要确保现场演练的技能能够产生迁移，能够给学习者带去更多价值，学习者可以做到学以致用。

四、技能演练型学习活动的标准模板

为了让大家在开发学习活动的时候,设计出更清晰、实用的活动,现提供一个学习活动的模板(见表3-6)。大家按照模板填写,就可以形成一个可操作的学习活动。

表3-6 技能演练型学习活动模板

知识点	技能要点	活动规则(学员)	实施步骤(培训师)	时长预估

关于模板的填写,与问题讨论型学习活动基本相同。需要注意的是,"技能要点"是技能演练型学习活动的关键,对培训师来说是良构问题,培训师要非常清楚该项技能的关键点是什么、标准是什么,才能给予学习者明确的指导。示例如表3-7所示。

表3-7 技能演练型学习活动示例

知识点	技能要点	活动规则(学员)	实施步骤(培训师)	时长预估
规划课程结构	1. 三段式要完整 2. 符合金字塔原理 3. 要分解到知识点	1. 以课题为单位进行结构规划 2. 按照结构搭建的四步流程来规划 3. 在纸上用白板笔画出来 4. 15分钟时间	1. 主教发放纸张,每课题一张 2. 引导督促学员规划结构 3. 引导学员分解细致 4. 选代表上台展示成果 5. 学员互评,培训师最后整体评估	整体预估1小时

运用 AI 开发技能演练型学习活动

同样,我们也可以借助 AI 来开发技能演练型学习活动。培训师要向 AI 提出技能的关键点是什么,因为培训师是技术专家,要尽可能多地提供详细信息,提出明确需求。

> **问** 我想设计一个学习活动,让学员练习运用"目标设定的 SMART 原则",要求制定出来的目标符合 SMART 原则的几项指标。请你帮我设置这样一个学习活动。
> - 设置一个具体任务,要求学员运用该原则。
> - 提出活动的规则。
> - 为了让学员顺利练习,提示培训师应该做哪些事情。

> **AI**
> **任务名称:"我的 SMART 职业里程碑"**
>
> 1. 任务描述
>
> 学员需要设定一个与他们职业发展相关的目标,该目标必须符合 SMART 原则。目标可以是短期或长期的,但必须在接下来的一年内实现。
>
> 2. 任务要求
> - S:目标必须明确具体,不能模糊不清。
> - M:目标必须有可量化的指标,便于跟踪进度。
> - A:目标必须是现实的,考虑到资源和时间限制。
> - R:目标必须与学员的长期职业规划相关。
> - T:目标必须有一个明确的完成时间。

3. 活动规则

• 规则一：每位学员独立完成目标设定。

• 规则二：目标必须以书面形式提交，并在小组内分享。

• 规则三：每个小组选出一个代表，向全班展示小组内的最佳目标。

• 规则四：目标设定后，学员需要制订一个行动计划，并在活动中进行讨论。

• 规则五：活动结束后，学员需定期更新目标进度，并在下一次活动中分享。

4. 培训师应该做的事情

准备阶段：

• 准备一份详细的 SMART 原则介绍材料。

• 设计一个目标设定模板，帮助学员结构化他们的目标。

• 准备案例研究，展示符合 SMART 原则的优秀目标。

活动引导：

• 在活动开始时，详细解释 SMART 原则及其重要性。

• 引导学员通过头脑风暴，确定他们的目标领域。

• 鼓励学员在小组内讨论，以获得不同的观点和反馈。

监督与支持：

• 在学员设定目标时，提供一对一的指导和建议。

• 确保每个小组的讨论都在正确的轨道上，及时纠正偏离 SMART 原则的目标。

评估与反馈：

• 对每个提交的目标进行评估，确保它们符合 SMART 原则。

• 提供具体的反馈，帮助学员改进他们的目标。

• 鼓励学员相互评估，以促进学习和交流。

在这里需要注意,我们对 AI 提出的问题要尽可能明确,如果发现它的回答不理想,可以就不理想的点继续让它优化。比如在这个示例中,一开始它设置的任务是很宽泛的:请学员制订一个目标,符合 SMART 原则。于是,我们就向它提出:你这个任务太宽泛,改成一个更具体的任务。于是它改为了:职业规划的目标。当然,你如果可以更具体,比如半年度工作目标,就会更清晰。

学习任务:
　　请关注自己所开发课程的结构图,标注技能演练型学习活动。借助 AI 工具,按照技能演练型学习活动开发的四个步骤,把活动的细则写下来。

案例分析型学习活动的开发

案例分析型学习活动，是指以学习者为主体，围绕案例对问题进行分析，从而找到解决方案的教学活动。

案例分析是一种深度学习方式，有利于学习者深度参与，也有利于建构有意义的学习，是一种有价值的教学方式。

一、案例分析型学习活动的三个关键点

案例分析型学习活动是一种有效的教学活动，有以下几个方面需要注意。

1. 案例分析不同于举例说明

第一，两者目的不一样。举例说明是用案例来阐述观点，目的是让学习者理解并且接受观点，或者理解其含义；案例分析并不是为了说明某个观点，而是为了找到解决方案。

第二，两者主体不一样。举例说明的行为主体是培训师，是培训师在举例；而案例分析的主体是学习者，是学习者在分析，培训师只是引导者。

2. 案例分析不同于问题讨论

问题讨论是直接呈现问题,让学习者来讨论;案例分析中也有问题,但是要基于案例来讨论问题,不能离开案例这个背景。

3. 案例分析是为了举一反三

案例分析的终极目标是产生学习迁移,而不是学习案例本身。案例分析的价值是通过分析特定的案例,掌握相关的方案,提升相应的能力,然后将其有效迁移到实践中,做到举一反三。

从以上解读可以看出,案例分析型学习活动既是一种有效的教学方式,也是难度较大的教学方式。对于案例的开发能力、问题的设置能力、讨论过程的引导能力,以及归纳提炼能力等都有很高的要求。

案例:讲授式的案例分析

在"建构主义 7D 精品课程开发"导师班的现场集训课堂上,有一位来自银行的 W 培训师,分享了自己的一个案例。W 培训师是城市银行的培训部部长,有一次请了一位 T 培训师,讲的主题是银行业的风险管控,其中一个内容是关于反洗钱方面的。

T 培训师对反洗钱相关法律法规等做了介绍,给大家讲解了常见的洗钱手法,然后讲道:"接下来我会拿出一个案例,这是几年前发生的某著名洗钱大案。"讲完案例后,T 培训师说:"现在请大家运用我刚刚讲过的反洗钱的方法,针对案例,提出你的解决方案。现在请开始。"

大家一听,很感兴趣,立即投入到讨论中。过了两三分钟,T 培训师说:"不好意思,我打断一下,刚才还有信息没有提供,我来给大家补充一下。"于是大家停下讨论，听培训师补充。

过了几分钟，T培训师又说："我这里给大家强调一个重要的知识点。"大家又停下来听培训师讲解。

每过几分钟，T培训师就会打断大家的讨论，开始讲解。

W培训师讲道："我在现场统计了一下，30分钟的'讨论'过程，T培训师累计讲了20分钟左右，学员真正讨论的时间不到1/3。后来有现场学员给我反馈'这个案例很有用，我们很想讨论，然后请培训师给予点评，结果基本上是培训师自己讲完了'。"

这种现场其实很常见。这就是把案例分析当成了案例讲解，培训师把自己当作了主体，并没有给予学习者深入讨论的机会，这不属于真正的案例分析型学习活动。

案例分析型学习活动培养和训练的是学习者的综合能力，可以说是"点燃三宝"的最佳体现：案例中的问题引发学习者的思考；案例能够激活学习者已有的知识和经验；分析案例就是通过深度研讨，帮助学习者建立新知。

二、案例分析型学习活动开发流程：SCDP 模型

案例分析型学习活动开发的流程，可以归纳为四个步骤（见图3-20）。

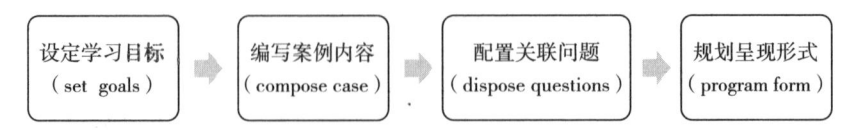

设定学习目标（set goals）→ 编写案例内容（compose case）→ 配置关联问题（dispose questions）→ 规划呈现形式（program form）

图 3-20　SCDP 模型

1. 设定学习目标（set goals）

案例分析是一种综合性学习活动，涉及内容包括三个方面：知识的巩固、态度意识的强化，以及技能技巧的提升。因此，在开发学习活动之前就应该预先规划学习目标。

根据学习目标，再来开发相应的案例。案例是为课程服务的，选用什么样的案例，首先要明确讲这部分内容的目的是什么，是让学习者明确一个概念，还是让学习者掌握一项技能。

当然，并不是每一个案例分析型学习活动都要涉及知识、态度和技能三方面，也可以只关注其中某一方面，但是必须清楚学习活动想达成的目标。

2. 编写案例内容（compose case）

在选取和开发案例的时候有三个要求。

（1）案例内容丰富，结构完整

用于案例分析的案例，作为分析的载体，不仅要有完整的结构，还要有丰富多样的内容，应包括知识点、能力要求等方面。只有这样的案例，才有分析的价值。

（2）案例有真实性，是典型案例

案例必须来自真实工作或者生活，即使要进行加工、修改，也应该是大家都遇到的一些问题，是典型的案例。

用于案例分析的案例是"源于生活"（真实）的，也是"高于生活"（加工）的，然后是"用于生活"（实践）的。学习者可以通过案例分析，学到解决问题的方法，举一反三，从而运用到实际工作中。

7步成课：7D+AI精品课程开发

> 案例：保密工作的案例

在某航天科研所"共创式教学"项目中，一个小组展示的是保密制度。在学习活动演练环节运用了案例分析。在讲解了该所关于保密制度的知识点后，设计了案例分析型学习活动"小明的一天"，采用了真人模拟的方式——小组的伙伴上台展示了案例。

整个内容分为三个片段。

第一个片段：小明早上上班，进办公室，打开电脑开始工作。

第二个片段：上班期间，小明接到电话，交谈了工作内容，中途还用U盘拷贝电脑资料。

第三个片段：下班了，小明关电脑、关门，离开单位。

在表演的过程中，培训师提醒大家，看看小明哪些行为是违规的。为了帮助大家记忆，整个展示过程还进行了录像，在讨论的时候回放了录像。

表演结束，培训师组织大家讨论"小明的违规行为有哪些，并且说出理由"。

现场大家非常积极地参与了讨论，几个关键点还引起了激烈的争论。最后大家强化了知识点，对保密的价值更加重视，同时规范了自己的日常行为，避免违规。

（3）案例的答案是开放性的

用于案例分析的案例要比较复杂，如果是很简单、原因很单一、解决方案很明确的案例，就没有必要让大家进行深入分析。

对于案例分析型学习活动的案例，不要预设答案，要由学习者通过分析自己找到答案。而且，答案要具有多样性甚至矛盾性，这样才能深入讨论，学员讨论起来才更有意义。

如果预设了答案，那就属于举例说明了。

用于案例分析的案例，其存在的问题本质上属于劣构问题，某项信息是不完整的，也正是因为信息不完整，才需要大家讨论、分析多种情况，提供相应的解决方案。这种开放式的问题，更能激发学习者的学习兴趣，更能激活学习者的旧知。

案例：小李和小王职业发展案例分析

在某电力企业"建构主义7D精品课程开发"项目中，一组开发的是"新员工入职培训"的主题。为了让新员工认识到遵守公司规章制度的重要性，这个小组设计了案例分析型学习活动：两个人物角色小李和小王同一批进入公司，却走了不同的路。

小李一进入公司就积极融入公司，在新员工入职培训期间认真参与，努力学习，主动参加各种活动，入职考核取得了很好的成绩。进入工作岗位后也遵守公司各项制度，遵循企业文化，努力工作，虚心请教，在两年时间里就升职做了主管。

小王刚进入公司就不太满意，在入职培训期间也不积极，还有迟到等现象。勉强通过了入职考核，进入了工作岗位，对于分配的岗位也不太满意，工作上不够努力，有时还有些违规行动。不到一年时间，小王就离职了。

问题：小李和小王的日常行为有哪些不同？这会带来什么不同结局？这个案例给我们带来什么启示？

这是该小组开发的案例分析型学习活动。仔细分析我们就会发现，这个学习活动存在一些不足。一是案例已经预设了答案，小王和小李的行为差距太大，一眼就能看出二者的不同点，可以预知结果。二是案例内容不够详尽，用的是概述的方式，没有描述出具体的场景和细节。

经过与开发小组的讨论，我们进行了案例优化。第一是改变了案例内容描述方式，去掉了评判性语言及概括性描述，而是分别描述两个人的具体行为。第二是对于两个人的结局留了悬念，把良构案例变成了劣构案例。因为学员不知道两个人的结局，对他们的日常行为就不敢轻易判断。

这个学习活动在问题设置上也有不足，后文会阐述。

3. 配置关联问题（dispose questions）

案例分析型学习活动是通过分析案例来解决问题。案例分析的目的是掌握某些知识点，问题背后是涉及的相关知识点，这些知识点隐藏在案例中，所以需要通过分析案例来解决问题，因此问题的设置非常关键，需要注意以下三个要点：

（1）问题与知识点相关

知识点融入案例中，由案例引出问题，再分析案例以解决问题，从而掌握相关知识点。这里有两个要求：一是案例中蕴藏着相关知识点，二是问题能够引导学员从案例中找到相关答案。以"保密制度"课程为例，保密的正确做法隐藏在课程的案例中，正因为这样，才能分析出哪些行为是合规的，哪些行为是违规的。

（2）问题要有深度

案例分析中的问题可以是 1~3 个，要遵循由易到难、由浅入深的原则，这也是基于学习心理学设置的。学习者需要在成果中受到激励，开始的问题比较简单，解决问题之后增强了信心，会继续解决后面的问题。

问题还要有发展性，如果都是简单的问题，无法引起学习者的兴趣，也解决不了具体问题。

再看上文"小李和小王职业发展"的案例中提出的问题：第一个问题比较容易，大家可以通过分析案例的情景找到答案。第二个问题比较简单，因为结局已经在案例中呈现出来了——一个升职，一个离职。这样的问题都不能引发学习者的深入思考。

如果把"这会带来什么不同结局"改为"他们为什么会出现不一样的结局"，就能引发学习者深度思考，然后促使学习者去找原因，自然得出"严格遵守企业文化和规章制度才有机会获得升职，如果不遵守制度只能离职"的结论。

设计深度问题的思路：第一种方法是尽量使用开放性问题。选择性问题通常的表述是"是不是""有没有""对不对"，上课是引导，是启发，是点燃，所以尽量要使用开放性问题。"小李和小王的日常行为有哪些不同"，这就是开放性问题，而"小李和小王的日常行为有没有不同"，就是封闭性问题，这样的问题太浅了，学习者会觉得没有回答的必要。

第二种方法是尽量把 what 变成 why 及 how。如果把"小李和小王的日常行动有哪些不同"变为"小李和小王的日常行为为什么不同"，提问是不是更有深度呢？"这个案例给我们带来什么启示"这个问题已经有一些深度了，还可以变为更有深度的：通过这个案例分析，作为新员工，我们应该怎么做呢？

第三种方法是连续提问，选择性问题与 what、why 及 how 等问题交替使用。这是苏格拉底最常用的方法，也称为"苏格拉底式诘问法"。

建构主义教学强调的是点燃，案例分析型学习活动的问题可以设置成连续性提问，可以是封闭式提问和开放式提问相结合，但一定要以开放式提问为主，每个案例不要设置太多问题，通常最多三个。

（3）能够学以致用

案例分析的价值在于能够学以致用，能够通过分析特定的案例给学习者以启发，让他们能够运用到工作和生活中。好的问题可以引导学习者举一反三，融会贯通。

案例分析的最高境界是跳出案例。这就需要培训师设计的问题，能够引导学员产生学习迁移，将学到的方法运用到实际工作中。

引导学习者融会贯通，也是教学的根本目的。根据教学设计大师戴维·梅里尔"首要教学原理"的观点，融会贯通是实现五星教学的步骤之一。

4. 规划呈现形式（program form）

通过前三步，案例已经成形，其中编写案例内容和配置关联问题最为关键。

为了在课程中让学习者更好地参与，真正深入研讨，还要注意案例的呈现方式。这一步连接"案例内容的开发"和"案例分析教学"，起到了承上启下的作用。

案例分析型学习活动的呈现方式是多样化的，除了常见的打印资料外，还可以用学习者呈现的方式。

> **案例：7D课程现场互评**
>
> 在"建构主义7D精品课程开发"集训现场的2D结构设计环节，就采用了案例分析型学习活动。学习者按照结构设计的要求制作课程结构图后，由学习者代表上台展示课程结构图，并且进行说课：按照流程对自己开发的课程进行详细说明。这个过程就是案

的呈现。

其他人围绕案例进行分析和点评，按照"1+1"模式发表意见：一个优点加一个疑问。点评方式可以有变化：一个优点加一个问题，或一个优点加一个建议。

这种学习者互评的方式，既可以巩固"结构设计"内容，又能够优化课程。这个过程就是案例分析。

接下来，用一个完整案例来展示案例分析型学习活动开发的四个步骤。

案例：对话式教学的案例分析

在给知名医学院上"建构主义教学设计"课时，分享了建构主义基本概念和含义后，我们设计了案例分析型学习活动。

第一步：设定学习目标。

本次学习活动的学习目标：

一是理解以学习者为中心的真正含义；

二是合理应对授课现场的挑战；

三是掌握、激发学习者参与的方法。

第二步：编写案例内容。

在实际操作中会有很多这方面的案例，根据案例的选取原则，首先要是真实发生的，其次要有复杂性。最终我们选取了一个真实但经过改编的案例。

有一位K培训师，有丰富的授课经验，也有深厚的教学理论基础。他通常采用以学习者为中心的提问方式，通过提问和对话，启发学习者思考，助力学习者建构。

有一次K培训师组织"提问式教学"沙龙，现场参与者是来自高校的教授。为了帮助这些擅长讲授的教授掌握以学习者为中心的提问式教学，K培训师决定用现场实操的方式，让这些教授理解此种教学方式的价值。

上课一开始，K培训师就向大家提问："各位教授，目前有些学校的教学质量不高，请问是什么原因呢？"现场没有任何反馈。

K培训师没有放弃，继续提问："请各位教授反思一下，大家的教学方式是否存在不足？是否有人思考过做一些改进？"现场有人在低声嘀咕，也有人在认真倾听。

K培训师继续提问："作为以教书育人为己任的老师，大家在倡导学生要勇于创新、敢于变革的时候，自己是否应该在教学方式上做到创新？"这时现场有人反对，甚至有人离场，也有人认真参与和思考。

K培训师继续采用这样的方式提问，当3个小时的沙龙结束的时候，本来50多人的现场只剩下10多个人了。这10多个人参与非常积极，围着K培训师交流，感叹收获良多，也在总结自己以前的不足，表达今后想尝试提问式教学的想法。沙龙结束的时候大家互相加了微信，希望继续交流与探讨。

第三步：配置关联问题。

第一个问题：这位培训师的教学是否体现了以学习者为中心，为什么？

第二个问题：如果上课中你遇到学习者中途离场，该怎么处理？

第三个问题：在以后的教学中，你会怎样实现以学习者为中心、激发大家共同参与？

第四步：规划呈现方式。

把案例内容和问题打印成资料，现场发放给学习者，让小组组长组织讨论。

以上是一个完整的案例分析型学习活动，也是一个真实案例，当然它经过了加工，情节也有所删减。

三、开发案例分析型学习活动的三个注意事项

案例分析型学习活动是非常有效的教学方式，在操作的时候要注意以下几点。

1. 案例的选择和加工

案例是案例分析型学习活动的核心内容，选择符合条件的案例，还要进行科学的加工，使之符合案例的复杂性、典型性和开放性等要求。

2. 案例中问题的设置

问题是案例分析的落脚点，通过问题才能引导大家分析案例。问题的设置要紧扣教学目标，联系案例内容，还要循序渐进，由浅入深。

3. 案例分析的引导能力

要求培训师有较强的引导能力、控场能力、归纳和提炼能力。培训师要引导学习者举一反三，不仅要分析案例，还要跳出案例，融会贯通。

四、案例分析型学习活动的标准模板

为了让大家在开发学习活动的时候,设计出更清晰、实用的活动,现提供一个学习活动的模板(见表3-8)。大家按照模板填写,就可以形成一个可操作的学习活动。

表3-8 案例分析型学习活动模板

知识点	案例内容	提出问题	活动规则(学员)	实施步骤(培训师)	时长预估

案例分析型学习活动的关键在于案例要严谨、适配,同时要根据教学目的设置关联问题。

运用 AI 开发案例分析型学习活动

我们同样可以借助 AI 来开发案例分析型学习活动,但是,这里更多的是需要 AI 编写案例、提供问题。需要让 AI 提供什么案例,要提出具体的要求——要达到的效果,以及所提供问题的要求。可以按照案例分析学习活动的模板依次提要求。

> **问**
> 我在讲"沟通中需要换位思考"这样的知识点,请提供一个负面案例,要求:
> • 案例情节是因为没有换位思考,导致沟通失败。

- 中国职场场景中的例子。
- 案例字数 200 字左右。

> **AI**　在一家中国科技公司，产品经理小张急需开发团队修复一个关键漏洞。他直接在工作群里@开发组长小李，说："这个漏洞必须今天解决，否则产品上线会受影响。"小李回复说："我们正在处理其他紧急任务，这个漏洞可以稍后修复。"
>
> 小张没有考虑开发团队的工作压力和任务优先级，坚持要求立即修复，导致小李和团队感到被忽视和不被理解。最终，团队加班修复了漏洞，但对小张的不满情绪开始在团队中蔓延，影响了团队的合作氛围和工作效率。

在上面的实践中，第一次只是提出了字数要求、教学目的、案例的性质，所以 AI 给出的案例不是很符合要求——案例中自行指出了沟通存在的问题。培训师希望学员自己分析问题，所以在指令中增加了要求。

> **问**　案例中自行指出了问题，我希望问题暴露不这么明显，因为需要学员自行分析出问题所在，请对案例情节进行加工、改写。

> **AI**　在一家中国的软件开发公司，产品经理小张在工作群里发布了一条消息："通知：产品上线在即，我们发现了一个潜在的漏洞。开发团队需要尽快处理。"开发组长小李看到消息后，回复说："收到，我们会评估并安排修复。"小张再次强调："这个漏洞处理的优先级如何？"小李回答："我们会根据现有任务的紧急程度来决定。"小张没有进一步追问，而是转向其他工作。

随后几天,小张注意到开发团队似乎并未将修复漏洞作为首要任务,而是继续忙碌于其他项目。小张内心有些焦虑,但考虑到团队可能有自己的工作节奏,他没有直接提出质疑。直到产品上线前一天,小张发现漏洞仍未修复,他开始担心这会影响到产品的整体表现和用户体验。

在产品上线前的紧急会议上,小张询问了漏洞修复的进展,小李解释说团队一直在努力,但由于其他任务的复杂性,修复工作尚未完成。小张表达了对产品上线可能受到影响的担忧,而小李则表示团队已经尽力。

最终,产品带着未修复的漏洞上线了,小张和小李都感到有些无奈。

这个案例暴露的问题是什么?

在上述案例中,通过细致分析,可以发现以下潜在的沟通和协作问题:

1. 沟通不明确

小张在通知中没有明确指出漏洞修复的紧急程度和具体期限,导致小李可能没有意识到问题的严重性。

2. 缺乏主动跟进

小张在得到小李的初步回复后,没有进一步跟进或询问具体的修复计划,这可能导致了对任务优先级理解的偏差。

3. 任务优先级不一致

小张和小李对于修复漏洞的优先级可能有不同的理解,这可能是由于双方没有就任务的紧急性和重要性达成共识。

4. 期望管理不当

小张可能对开发团队的能力和时间安排有不切实际的期望，没有考虑到团队可能面临的其他任务压力。

我们对 AI 提要求，AI 都能给出一个答案，但是否符合培训师的需求？首先培训师自己一定要有要求，要知道教学目的是什么，然后来评估 AI 的答案，才能依此不断地提出要求，直到满意。其实，上面案例除了沟通和协作方面的问题，还存在与"换位思考"相关的问题，我们可以继续进行优化。

> **学习任务：**
>
> 请聚焦课程主题，确认哪里需要设置案例分析型学习活动，然后按照开发步骤进行案例的设置和开发。在结构图上标注哪里使用了案例分析型学习活动，并把具体内容写到学习活动集里。

成果展示型学习活动的开发

成果展示型学习活动,是让学习者的成果充分展示出来的教学活动。成果展示型学习活动是四类学习活动中最简单、最容易操作,又最能见成效的学习活动。

一、成果展示型学习活动的概念解读

成果展示型学习活动与本书第四章的内容有相似之处,但两者也有一定的区别。

1. 两者都关注成果

成果展示型学习活动与成果设计是有联系的:两者都注重学习者的成果,都体现了以学习者为中心,所使用的某些方法是相同或相似的。

2. 两者的不同点

成果展示型学习活动和成果设计有以下几点不同。

• 成果展示型学习活动的主体是学习者,由学习者来展示成果;而成果设计的主体是培训师,培训师设计一些方法让学习者学有所成。

- 成果展示型学习活动的流程比较复杂，需按照学习活动的操作模型进行；成果设计比较简单，通常是培训师提要求，学习者操作，比如培训师布置作业，学习者做练习。
- 成果展示型学习活动的使用次数有限，半天以上的课程可能使用一次；成果设计的内容很多，可能10分钟就用一次。
- 成果展示型学习活动必须现场展示出来；成果设计不一定需要现场呈现出来，比如"课后作业"是课程结束了再做的。

总之，成果展示型学习活动与成果设计既有关联又有区别，可以将两个部分的内容联系起来阅读。

二、成果展示型学习活动开发流程：CSPG 模型

成果展示型学习活动的开发流程比较简单，只要围绕"让学习者把成果展示出来"这个关键点进行即可。

案例："圣诞树"成果设计的作用

在"建构主义 7D 精品课程开发"北京集训班上，某著名短视频公司培训负责人 L 培训师非常兴奋地跟大家分享：

我是再次参加"建构主义 7D 精品课程开发"集训班，上次学习让我印象深刻的就是课程最后的成果展示——"圣诞树模型"。当时，同学们的"圣诞树模型"给我留下了很深刻的印象。我回到单位也运用了"圣诞树模型"，每次培训结束后都要求学员画"圣诞树"。

有一次，一个学员一直画不出来，"三个感悟"只有两个，她

本来打算放弃，但是我没有允许，和她一起总结、回顾了学习内容，最终她完成了"圣诞树"。她很兴奋，很有成就感，我也感觉很开心。

成果展示型学习活动就是想方设法让学习者的学习收获可视化。成果展示型学习活动在开发时有四个步骤（见图3-21）。

确定内容（confirm contents）→ 设置形式（set form）→ 规划框架（program frame）→ 引发展示（guide show）

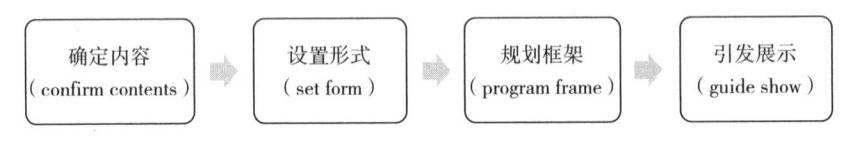

图3-21　CSPG模型

1. 确定内容（confirm contents）

成果展示是为了展示学习者的学习成果，首先要明确需要展示哪些内容，想达到什么效果。学习的内容整体上包括知识、态度和技能三类，这三类内容都可以展示。

因为成果展示型学习活动所花的时间较长，通常需要半小时以上，但现场培训的时间是有限的，所以需要抓住重点，把重要内容设计成成果展示型学习活动。其他内容可以用"成果设计"的方式完成。

通常课程结束，或者某个重要主题结束的时候，可以设计一个成果展示型学习活动，这也是对学习效果的综合考核。一方面让学习者回顾印象深刻的知识点；另一方面看看课程结束后，学习者有哪些方面的改善，以及学习者自身的体会。成果展示包括知识点的展示、收获的知识点、自身的感悟、发生的转变，以及需要做出的行动、综合性成果展示。

2. 设置形式（set form）

确定内容后，要考虑需要学习者用什么样的形式展示出来，是直接讲出来，还是写出来、画出来，或者做出来。

要根据内容来设置形式。比如操作类内容，像礼仪、点钞等，更适合演示出来。项目结束了，请学习者来一个"汇报演出"，也是成果展示的一种方式。

还有的内容适合写出来，或者画出来，比如用文字、图表呈现，通常是公文、Excel表格等。还有一类属于思想成果，可以让大家用创意图形来呈现。

案例：汇报演出式成果展示

> 版权课程合伙人Z培训师分享了他的案例：
>
> 我是一家能源行业企业的培训负责人，学习"建构主义7D精品课程开发"课程后，成果展示型学习活动给我的触动很大。以前，我们组织的项目好像更重视内容，重视项目的过程，对最后的成果不太重视，导致很多时候项目结束了，学员并不清楚自己的收获，领导问他们学习收获的时候，他们基本都说不出来。这导致领导认为培训是没有效果的，不太支持下属来参加培训，我们组织培训就比较难。
>
> 学习"建构主义7D精品课程开发"后，我们非常重视，每次项目结束，都有成果展示。其中有一次是"新晋经理领导力"项目，我设置的成果展示形成是成果汇报。在项目一开始就告诉所有学员，项目最后一天有成果展示，展示的内容是整个项目的收获，而且过程中还有团队PK，成果展示将邀请公司高层前来观摩。

任务布置下去，一下把全部参训学员的热情点燃了，整个项目过程中大家积极参与，一直保持着高昂的学习状态。

在成果汇报的时候，我们不仅邀请了公司高管，还邀请了各部门负责人，也就是这些学员的直接上级。最后，成果汇报演出非常成功，学员、学员的主管领导和公司高管都给予了很高的评价，我们部门也在年底获得了表彰，关键是营造了公司的学习氛围，这有助于我们更好地开展培训工作。当然，这也对我们提出了更高的要求，我们要不断优化，每个项目都想有"新花样"，希望大家多多提供宝贵意见和建议。

3. 规划框架（program frame）

规划框架，也就是为学习者提供一个框架。学习者依据这个框架，可以展示自己的成果。这个框架相当于一个舞台，学习者在上面展示他们的才华。如果没有这个舞台，他们就无从展示。同样，如果没有框架，学习者就无从下手，最终无法展示成果。

成果展示型学习活动概括地讲就是：培训师设定框架，学员填充内容。所以它本质上是一个萃取的过程，培训师帮助学习者萃取学习的精华并且呈现出来。

框架设计的方式非常多，常用的是几点收获、几点感悟、几个变化、几个成长、几个行动等。

案例：圣诞树模型

湛卢坊培训师通常用的成果展示方式是"圣诞树模型"（见图3-22）。

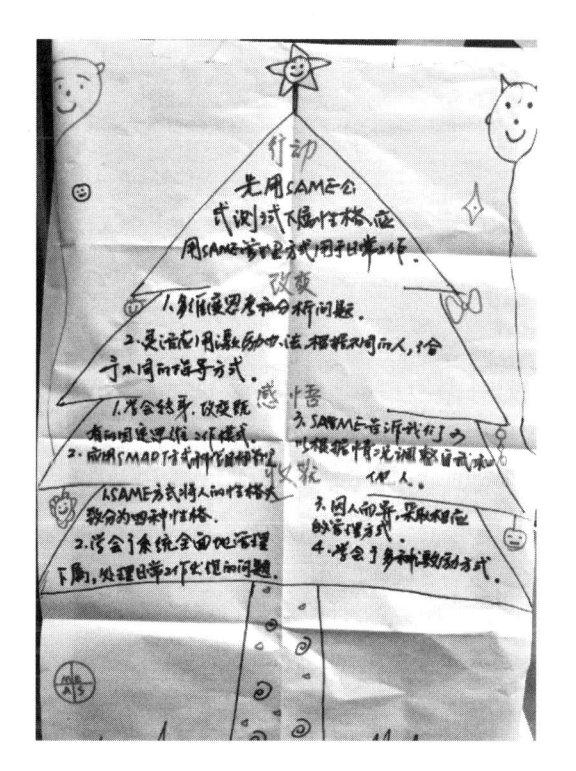

图 3-22 圣诞树模型

圣诞树模型的要求是"四三二一",即四个收获、三个感悟、两个转变、一个行动。

圣诞树模型有两种方式:第一种是个人的圣诞树模型,按照"四三二一"的要求,每个人写出自己的内容;第二种是小组的圣诞树模型。因为已经做了个人的圣诞树模型,小组再做一个圣诞树模型,同样按照"四三二一"的要求。做小组的圣诞树模型时,把小组每个人的智慧总结并再深化,达成共识。然后每个小组选一位代表上台展示圣诞树模型,也就是展示成果。展示完之后,培训师总结评价,指出每个小组的亮点。这就是一个完整的成果展示环节。

操作过程就是培训师把圣诞树模型画出来做示范,要求大家画自己的圣诞树模型，然后按照"四三二一"填写自己的内容。在统一框架之下，大家充分展示自己的才华。

提示一下，圣诞树模型的要求比较高，操作比较复杂，如果是小组展示，通常需要半小时以上，所以建议时间长度为一天或一天以上的课程使用圣诞树模型。

4. 引发展示（guide show）

引发学习者多样化展示，这一点非常重要。学习成果展示不是考试，没有标准答案。

学习成果最大的魅力是个性化展示，同样的学习内容，会有不一样的学习成果，这才是真正的建构、真正的点燃。

这要求培训师在设计成果框架的时候要有开放性，给学习者提供一个充分发挥的空间。比如圣诞树模型的"四三二一"就很笼统，就是为了让学习者充分发挥。

另外，在现场展示的过程中，培训师也要引导多样性，给予每一种成果正面的积极评价。

引发展示，这里"引发"的英文用了"guide"这个词，而不是常用的"lead"和"facilitation"，就是要求培训师要像导游一样，引导学习者欣赏美景，并且展示美景。

在使用圣诞树模型的时候，培训师会引导学习者把圣诞树画得有特色，鼓励他们有不一样的建构。甚至有学员做的看上去并不是"圣诞树模型"，但只要是符合"四三二一"的要求，一样要给予奖励，这就是鼓励多样化的展示。

三、开发成果展示型学习活动的三个注意事项

成果展示型学习活动虽然容易操作，但还是有几点要注意。

1. 成果的多样性

只有取得了多样化的成果，才说明学习者真正有所收获。成果展示不是中小学考试的"题目一样，答案标准"。同样的学习，有不一样的成果才是真正的建构。

2. 难度不宜过大

成果展示的目的是给予学习者信心，证明项目的成功。成果展示的难度太大，不能很好地把成果展示出来，反倒会带来副作用。所以，成果并不是越难越好，而是越精越好。

3. 要注意时间规划

每个人的学习背景不一样，学习收获不一样，导致展示成果的时候现场时间不好把控。而成果展示往往是在课程最后才进行，操作不好容易导致时间不够用，所以要充分预留时间。

四、成果展示型学习活动的标准模板

成果展示型学习活动模板如表 3-9 所示。

表 3-9　成果展示型学习活动模板

展示的目的	展示的形式	活动规则（学员）	实施步骤（培训师）	时长预估

对于成果展示型学习活动，关键点是一定要清楚展示的目的是什么，以及用可操作的形式展示出来。示例如表 3-10 所示。

表 3-10　成果展示型学习活动示例

展示的目的	展示的形式	活动规则（学员）	实施步骤（培训师）	时长预估
让学员呈现自己的结构图，互相观摩	转化成电子版导图，通过投屏播放出来	1. 将自己的结构图用思维导图的形式，做成电子版 2. 导出图片的格式发到学习群，时长 20 分钟 3. 按照发出的顺序选取前三名进行展示 4. 培训师讲解结构图 5. 学员互评	1. 提前将导图的小程序发给学员，确保大家都安装好、能使用 2. 如果大部分不会用，简单演示 3. 到小组跟进辅导 4. 投屏学习群的导图，便于学员讲解观看 5. 引导学员互评	整体预估 1 小时

运用 AI 开发成果展示型学习活动

对于学员的成果如何展示，也可以借助 AI 来对展示的方式和规则进行创新。

向 AI 发出指令：

在课程结束的时候,想让学员以小组为单位进行知识回顾,需要包含的内容是:四个收获,三个感悟,两个转变,一个行动。请帮我设计一个成果展示的学习活动:

- 让学员以一种有趣的形式把内容展示出来。
- 制定活动规则,激发大家积极高效的产出。

学习活动:知识回顾与成果展示

活动名称:"四三二一"知识回顾挑战

活动目标:通过小组合作,让学员回顾课程内容,分享他们的收获、感悟、转变,并制订一个具体的行动计划。

活动形式:

- 小组创作海报:每个小组制作一张海报,展示他们的"四三二一"内容。

- 角色扮演:小组成员通过角色扮演的方式,生动地展示他们的学习成果。

- 短视频制作:小组制作一个短视频,用创意的方式总结和展示他们的"四三二一"。

活动规则:

- 时间限制:每个小组有30分钟的时间准备和展示他们的内容。

- 创意加分:鼓励小组使用创意和有趣的元素来展示他们的内容,如使用道具、服装、音乐等。

- 互动环节:每个小组展示结束后,其他小组成员可以提问或评论,增加互动性。

- 评分机制:设立评分标准,包括内容的完整性、创意性、表达的清晰度等，由其他小组和培训师共同评分。

• 奖励机制：为表现最佳的小组提供小奖品或表示认可，以激励大家积极参与。

活动流程：

• 分组讨论：学员分组，讨论并确定他们的"四三二一"内容。

• 准备展示：小组根据选择的形式准备展示材料，如制作海报、角色扮演排练或拍摄短视频。

• 展示环节：每个小组依次展示他们的内容，其他小组成员和培训师观看并评分。

• 互动反馈：展示结束后，进入问答和反馈环节，其他小组成员可以提问或提供反馈。

• 总结颁奖：培训师总结活动，宣布评分结果，并为最佳小组颁奖。

学习任务：

请为自己的课程设计成果展示型学习活动，并在课程结构图上进行标注，同时把具体操作细节写在学习活动集里。

| 第三章 | 内容设计：**开发课程内容**

课程简介的设计

一、课程简介是什么

课程简介，顾名思义是一门课程的简单介绍，核心内容是课程大纲，因此有时也叫课程大纲。

课程大纲通常适用于外发给采购部门，让对方清晰地看到这门课程可以解决什么问题，具体讲了哪些知识点，采用了什么教学方法。所以，它是一个非常重要的课程素材，是"课程核心三件套"之一，另外两件套是教学指导图和教学PPT。

二、课程简介的标准化要求

1. 内容结构的要求

为了便于大家快速编写出一份规范的课程简介，在此给大家提供一个模板，大家按照模板，替换自己的课程内容即可。字号、格式都按照层级做了设置和说明。

关于课程简介各个模块的编写，做一些要点提示：

课程背景：它体现了这门课程的价值。培训师可以从形势、趋势、困惑、机会等方面来阐述，一般分为三个层级：行业、企业、员工。这三个层级并非缺一不可，可根据需要有选择地编写。

课程对象：课程的对象，也就是课程的用户，要精准地提出来。

课程时长：课程所需的时长，可以按小时计，也可以按天计。

学习目标：课程能够让学员得到哪些方面的提升，能够掌握什么知识和技能，要条理清晰地列出来，以 3~7 条为佳。

教学方式：课程采用哪几种教学方式来确保学习的有效性。为了突出教学的特点，还可以专门加上"教学特色"。

课程大纲：这个部分是课程的核心，要展示课程讲了几个模块，每个模块包含了哪些知识点，到底有哪些工具、方法。对于大纲部分的编写，以三级目录为佳。

2. 字体、字号的要求

为了让简介的内容清晰地呈现给对方，还需要利用字体、字号的区别，来清晰地展示内容和层级。

根据行业的习惯用法，以及借鉴公文写作要求，我们对各个部分的字号做了统一的规定（见图 3-23），仅供参考。

| 第三章 | 内容设计：开发课程内容

```
        课程标题（黑体，三号）
           课程简介（楷体，三号）
【课程背景】（楷体三号）
正文（仿宋三号）
【课程对象】
【课程时长】
【学习目标】
【教学方式】
【教学特色】
【课程大纲】（楷体三号）
一、导课（黑体三号）
正文：楷体，加粗，三号
二、正课（黑体三号）
  （一）一级大纲，楷体，加粗，三号
     1. 二级大纲，仿宋，三号加粗
       （1）三级大纲，仿宋，三号不加粗
三、结课（黑体三号）
```

图 3-23　清晰地展示内容和层级

运用 AI 设计课程简介

AI 工具是否可以代劳，开发出我们需要的课程简介？

第一种方式：直接让 AI 根据主题提供内容。我们做了尝试，运用 AI 开发课程简介，按照课程简介的标准模板，直接进行提问。以"班组长冲突管理"为例，运用 AI 开发的案例。

> 我要开发一门"班组长冲突管理"的课程，对象是班组长，时长是 6 个小时。请按照以下模块撰写一份课程简介。
>
> • 课程背景。
>
> • 课程目标。
>
> • 课程时长。
>
> • 课程大纲（包含知识点及教学活动）。

课程简介

课程名称：班组长冲突管理

课程背景：

在现代企业管理中，班组长作为基层管理者，肩负着协调团队、提升效率的重要职责。然而，日常工作中的冲突不可避免，班组长若缺乏冲突管理能力，不仅会影响团队的和谐与合作，还可能对生产效率和企业形象造成负面影响。因此，培养班组长的冲突管理能力，对于维护团队稳定、提升团队绩效具有重要意义。

课程目标：

- 使班组长了解冲突的本质及其在团队中的作用。
- 掌握冲突识别与预防的基本方法。
- 学习并实践有效的冲突解决技巧。
- 提升班组长的沟通能力和领导能力。

课程时长：6 小时

课程大纲：

第一部分：冲突管理概述（1 小时）

知识点：

- 冲突的定义与类型。
- 冲突的正面与负面影响，以及冲突产生的原因。

教学活动：

- 案例分析：通过实际案例讨论冲突的类型和影响。
- 小组讨论：分享工作中遇到的冲突案例。

第二部分：冲突的识别与预防（1 小时）

知识点：

- 冲突的早期识别信号。

- 预防冲突的策略。
- 建立积极的团队文化。

教学活动：

- 角色扮演：模拟冲突情境，识别早期信号。
- 策略规划：设计预防冲突的行动计划。

第三部分：冲突解决技巧（2小时）

知识点：

- 冲突解决的模型与方法。
- 沟通技巧在冲突解决中的应用。
- 调解与协商技巧。

教学活动：

- 工作坊：学习并练习有效的沟通技巧。
- 模拟调解：通过角色扮演学习调解技巧。

第四部分：沟通能力提升（1小时）

知识点：

- 有效沟通的原则。
- 非言语沟通的重要性。
- 跨文化沟通技巧。

教学活动：

- 互动练习：提升非言语沟通能力。
- 跨文化沟通案例分析。

第五部分：领导力与冲突管理（1小时）

知识点：

- 领导风格与冲突管理。
- 激励与授权在冲突解决中的作用。

- 建立信任与尊重的团队环境。

教学活动：

- 领导力工作坊：探讨不同领导风格对冲突管理的影响。
- 团队建设活动：实践激励与授权技巧。

总结与反馈（30分钟）

教学活动：

- 课程总结：回顾关键知识点和技能。
- 反馈收集：学员对课程内容和教学方法的反馈。

这种课程简介虽然结构模块是标准的，但是内容可能与我们理想中的有比较大的差别，虽然可以持续提问，让它逐步修改，但是会很耗时。

第二种方式：利用结构引导 AI 提供内容。可以提前出个大概的结构图，逐模块向 AI 提问。这样，AI 提供的内容会更接近我们想要的。

依然以"班组长冲突管理"为例，做了其中一部分结构的搭建（见图 3-24），现在借助 AI 提供更细致的内容。

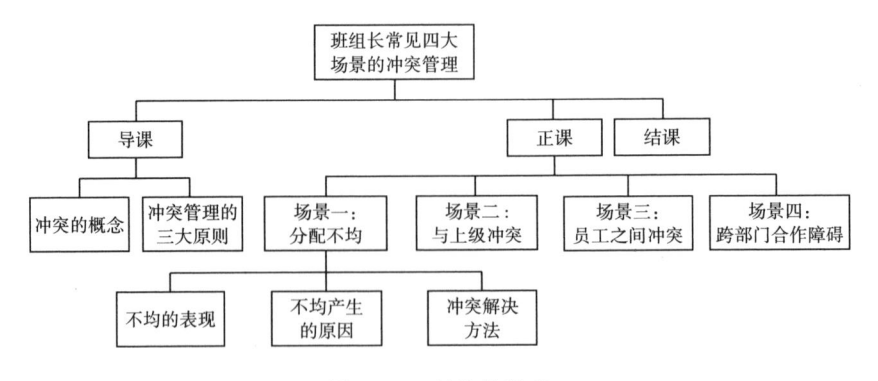

图 3-24 结构的搭建

可以让 AI 根据结构图提供课程简介，如示例。

> **问**：我开发了一门"班组长冲突管理"的课程，课程时长是 6 个小时，对象是班组长，附件是该课程的结构图。请根据结构图中的知识点，撰写一份课程简介。简介需要包含以下模块：
> - 课程背景。
> - 课程目标。
> - 课程时长。
> - 课程大纲。

AI：

课程简介

课程名称：班组长冲突管理

课程背景：

在当今快速变化的工作环境和日益增长的工作压力下，班组长作为基层管理的核心，经常面临各种冲突和挑战。有效的冲突管理不仅能够维护团队的稳定和和谐，还能提升工作效率和促进组织目标的实现。

本课程旨在帮助班组长深入理解冲突的本质，掌握冲突管理的原则和技巧，以更有效地解决工作中的冲突。

课程目标：

- 使班组长能够理解冲突的概念及其在工作场所产生的影响。
- 掌握冲突管理的三大原则，提高解决冲突的能力。
- 学习并应用具体的冲突解决方法，以应对分配不均、与上级冲突、员工之间冲突和跨部门合作中的挑战。
- 通过案例分析和实践练习，提升班组长的冲突管理技能。

课程时长：6 小时

课程大纲：

1. 冲突的概念

- 定义冲突及其在工作场所的重要性。
- 冲突的类型和特点。

2. 冲突管理的三大原则

（1）原则一：及时性

- 及时识别和响应冲突的重要性。

（2）原则二：公正性

- 公平对待所有员工，确保决策的公正性。

（3）原则三：沟通性

- 有效沟通在冲突管理中的作用。

3. 班组长常见四大冲突场景

（1）场景一：分配不均

A. 不均的表现

- 任务分配不均的具体表现。
- 资源分配不均的具体表现。

B. 不均产生的原因

- 缺乏全面评估能力。
- 决策能力不足。

C. 冲突解决方法

- 提升全面评估能力。
- 增强决策能力。

…………

从这个结果可以看出，AI 可以根据结构给出内容，所以方向是一致的，是在开发者的思路下进行的。如果发现有些具体知识点 AI 提供的内容比较空洞的话，可以继续提问。

> 任务分配不均的具体表现有哪些，请简要列举。

任务分配不均的具体表现，通常包括以下几个方面：

- 工作量差异：部分员工的工作量远大于其他员工，导致工作负荷不均衡。
- 技能与任务匹配不当：员工的技能和专长未被充分利用，或被分配到不擅长的任务。
- 关键任务分配偏好：某些员工总是被优先分配到关键或高曝光度的任务，而其他员工则经常被分配到边缘或低曝光度的任务。
- 发展机会不均：一些员工有更多的机会参与重要项目或培训，而其他员工则缺乏这样的机会。
- 责任与权力不匹配：一些员工可能承担了过多的责任，但没有相应的权力或资源来完成任务。
- 不公平的挑战机会：某些员工总是被分配到容易或熟悉的任务，而其他员工则经常面对复杂或不熟悉的工作。
- 任务分配的透明度低：任务分配的过程缺乏透明度，员工不清楚分配的依据和标准。
- 忽视员工特长和兴趣：任务分配时没有充分考虑员工的个人特长、技能和兴趣，导致员工的工作动力和满意度降低。

当然，也可以根据结构图，逐个细分模块向 AI 提问，让它提供大纲的内容。在这里就不一一列举了。

从这个案例可以看出，AI 工具是很好的课程开发的助手，可以帮助我们快速获取相关信息，但是永远不能代劳，如果都给 AI 做了，那还需要培训师干什么？再次强调，AI 课程开发技术要做到：善用 AI，高于 AI。

本章小结

一、重点知识回顾

本章是课程开发中最重要的内容，也是费时最长的内容。

1. 知识点开发的 CNEB 模型。

2. 案例开发流程的 CCGO 模型。

3. 四类主题型学习活动的开发。学习活动的开发既是重点，也是难点。在四类学习活动中，技能演练型学习活动和案例分析型学习活动是其中的重点和难点，都是最能体现建构主义教学思想的教学活动。

4. 借助 AI 的力量，获取更丰富的知识、更有创意的点子，课程开发也变得更高效，同时又能保证质量。

二、作业

内容开发是课程开发最核心的部分。

1. 请根据书中的方法和工具，对课程的知识点进行优化。

2. 请根据案例开发的原则和流程，优化案例。

3. 请根据四类主题性学习活动开发步骤及学习活动的要素，为课程设计合适的学习活动，同时在结构图上标注什么地方采用了哪一类学习活动，并按照每个学习活动的模板，细致规划与填写。

RESULT DESIGN

| 第四章 |

成果设计：
强化学习收益

成果设计的目的，本质上是检验学习者的学习效果，在教学过程中，通过精心的成果设计，让学习者实现有意义的建构。各种成果设计方式是交叉的、相互联系的，既显出建构的多样性和丰富性，更激发了学习者的学习热情，效果也会立竿见影。

成果设计的价值和设计原则

一、成果设计的含义

成果设计是指课程开发师及培训师在课程开发及课程实施的过程中,采用多种方式和手段,以学习成果为目标,干预学习者的学习行为,最终达成学习成果的教学活动。

这里有几个关键点:

第一,学习成果以终为始。学习成果是目标,也是手段,一切设计都是为了达成学习成果。

第二,以培训师为主导。成果设计的具体方式方法是由培训师(课程开发师和培训师)主导的教学活动。

第三,以学习者为主体。学习者是各项具体活动的执行者,也是学习成果的直接责任人。成果设计,其实也是培训师用来检验学员学习效果的一种方式。

二、成果设计的三大价值

从成人培训角度看,学习成果设计具有三大价值。

7步成课：7D+AI精品课程开发

1. 激发学习热情

根据学习理论的强化原则，在学习过程中，要对成果进行专门设计，让成果凸显出来。取得显著的甚至超过预期的成果，是对学习者最大的激励。学习者自己努力换来的成果，不仅是对前期努力的一种认可，更能够激发他们的信心，使他们更加努力地持续学习。

> **案例：老专家的感受**
>
> 有一次给某研究所上"课程开发及精彩呈现10项修炼"课程，课程结束后，一位60多岁的老专家很激动地跟大家分享：
>
> 本来我已经退休了，研究所返聘我回来，是想让我发挥余热，让我把这几十年的经验总结出来，帮助年轻人。虽然我感觉自己还是有些经验的，但是一直没能有效地提炼出来。通过这几天的学习，我开发出了精品课程和配套的相关内容，我突然发现，原来我懂这么多。
>
> 关键是，我一直认为自己就是一个搞技术的人，只会做不会说，通过这几天的训练，我发现自己居然还能讲出来，而且能够获得大家的认可。
>
> 看来，我可以更好地帮助单位的年轻人了，也不枉费领导对我的信任。

2. 提供教学改进依据

学习成果的产生，不仅对学习者有价值，也是对教学效果的检验。根据学习者的成果，可以检验教学质量，培训师可以依此对教学进行相应调整。

在教学过程中，培训师需要针对学习者的情况对自己的教学，包括教学内容和教学方式进行不断总结和评估，并做出有针对性的调整，这是因材施教的体现。

那么，如何判断学习者的学习状况呢？如何评估他们的理解程度和掌握程度呢？一个重要依据就是学习成果。

如果在学习过程中，培训师无法把握学习者的学习状况，而是一味地按照既定的教学方式实施教学，到最后会取得什么样的教学成果？

3. 评估投入价值

这是针对培训主办方来说的。培训是一个商业行为，即使是组织的内部培训，也要投入人力、物力和时间，投入值不值，是否达到预期效果，是培训主办者所关注的。

在具体的培训项目中，如果是企业内训，用户是学习者，客户是培训管理者或者学习者所在单位的领导。有时用户与客户对培训的看法存在差异，但用户和客户在学习效果上的看法是一致的：学有所获是大家共同的追求。

培训结束了，企业的相关领导往往会看学习的具体成果。我们来看看下面的对话：

场景一

领导：这两天你们学了"高效沟通"课程，培训师讲得怎么样？

员工：培训师讲得挺好。

领导：那你有没有收获？

员工：有呀，很多收获。

领导：那你们具体学到了什么呢？

员工：哦……这个……

领导：讲不出来，看来是白学了，反倒影响了工作，下次不要再去了。

场景二

领导：你们学了"高效沟通"课程，培训师讲得怎么样？

员工：培训师讲得挺好。

领导：那你有没有收获？

员工：有呀，很多收获。

领导：那你们具体学到了什么呢？

员工：我学到了以下几点，第一点……第二点……

领导：很好，下次继续学习，以便更好地推动工作。

工学矛盾，指的是工作和学习的矛盾，是企业在组织培训过程中遇到的挑战。产生工学矛盾的原因很多，解决的方式也很多，其中之一就是让学习真正有成果，从而助力工作开展。

三、成果设计的四个原则

1. 目标导向

成果设计应该安排在课程的哪个环节？这是很多培训师容易感到困惑的。在辅导学习者的过程中，大家接触到成果设计的重要性和方法后，知道其是有价值的，但是不清楚应该在哪些环节添加成果设计。这就要考虑到成果设计的目的，本质上是检验学习者的学习效果，学习效果又跟学习目标紧密联系。所以，成果设计要以学习目标为导向，在可以体现、检验学习目标是否达成的地方进行成果设计。

2. 适度性

课程开发中的成果设计要注意适度性和有效性，不能为了设计而设计。成果设计并不一定越多越好，而要适度；要了解成果设计的根本目的，并在关键地方进行科学设计。

3. 多样性

成果设计有很多种方式方法。很多培训师的课程中，一开始用得最多的是做测试，学了课程开发后，用得较多的是提问题，整体来说方式比较单一。大家可以根据内容的位置、重要性、形式，采取不同形式的成果设计。

4. 即时性

很多课程通常都是在完全结束的时候做成果设计，比如通过做测试来了解学习者的掌握情况。其实，在课程过程中也需要实时检验，及时纠偏。把握学习成果检验的即时性，也体现了对学习者学习激励的即时性。

成果设计的类型及方法

按照建构主义教学理论，所谓成果，实际上是学习者建构的表现，通过学习者有意义的建构来反映学习效果。

学习成果的设计，实际就是在教学过程中，通过精心的设计，让学习者实现有意义的建构。所以，在本书中，尤其是本章，学习成果设计有时会用"建构"来表述。

一、学习成果设计的三种类型

学习成果的设计按照不同的角度分为多种类型：从教学过程来看，可以分为过程设计和结果设计；从人群来看，可以分为团队建构和个人建构；从成果展示的方式来看，可以分为私下成果设计和公开成果设计。

1. 过程设计和结果设计

过程设计就是指在学习过程中，针对某个模块、某个单元、某个课时进行设计，让学习效果得到及时反馈，学习的成果得到及时强化。

学习成果的过程设计往往容易被忽略。学习成果的过程设计就如同开车时的导航，开车的过程中需要根据导航的指示进行相应调整，以确保走在正确的道路上。但是在实际的培训中往往不是这样的。很多培训师把学习过程中学习者的参与性当作唯一的标准，只要看到学习者在积极参与，有回应，有互动，甚至有掌声和笑声，就以为学习的效果很好。所以，他们在课程设计的时候强调"笑料"的设计。其实这只是表象，如果没有设计学习成果展示，根本无法确认学习者真正的学习效果，等到培训结束才发现问题就晚了。

案例：没有成果设计的项目

> 有一次给某制造业企业做领导力发展项目，在前期调研的时候，其培训负责人讲到了一个现象——他们请某家机构做过这个项目，在项目实施过程中，尤其是课程实施过程中，学习者积极参与，踊跃回答问题，大家感觉都挺好的；但是当课程结束的时候，请大家说些心得体会，大多数人都说不出具体的东西来，都是"感悟深刻""有很多启发"等比较虚的表达。通过交流，我们发现导致项目失败的原因很多，其中之一就是没有进行学习过程中的成果设计。

如果是结课阶段的成果设计，就是在整个培训接近尾声时专门预留一段时间，对全部内容进行系统回顾和总结，对学习成果进行强化，并且展示。

结尾处的学习成果设计，主要是培训师在教学设计中要有这个意识，一旦培训师意识到了，操作方法很容易掌握，效果也会立竿见影。

7步成课：7D+AI精品课程开发

> **案例：7D 课程开发的时间安排**
>
> 在"建构主义 7D 精品课程开发"项目中，我们发现很多课程开发师对于课程结束部分的时间预留不够，比如一天的课程，结束部分就 10 分钟左右，设计的结尾方式往往是总结、回顾之类的。更多培训师采用的方式，往往忽略了学习者要参与建构。因此，在指导课程设计的时候，对于课程结尾部分的时间要有硬性要求：一般 3 个小时的课程，首尾预留 30 分钟；6 个小时的课程，首尾预留 60 分钟；两天的课程，首尾预留两个小时。
>
> 在首尾中，重点是"尾"，也就是在结课的时候。首尾的时间比例是 1∶2，即开场占 1/3，结尾占 2/3。比如一天的课程，开场不要超过 20 分钟，结尾不要少于 40 分钟。

注意：课程结束阶段的成果设计重在成果，而不是节外生枝，该结束时就要及时结束。

课程结束阶段的成果设计与课程结尾的方法有联系也有区别，参见本书第七章中的"常用的五种结课方法"部分。

2. 团队建构和个人建构

从学习者的成果呈现群体来看，学习成果的设计可以分为团队建构和个人建构。

团队建构，就是让学习者通过小组的方式将学习内容进行加工，将学习的收获以小组为单位通过某种方式展示出来。这在培训中是最常见的成果设计。同时，团队建构还能激发出大家的协作性。在课程开发现场，通常是以小组作为开发主体，对成果的设计则展示了团队的力量和智慧。

个人建构是个人参与到学习中,这是最基本的学习成果展示方式,其表现形式非常多,比较典型的是学习活动。在学习活动中,学习者只要认真参与到学习中,再进行个人建构,就能获得个人提升。比如,在"培训师授课技巧培训"课程中,每一位培训师都要进行授课技巧训练,做个人技能演练,这会让培训师们看到自己的学习成果、自己的改变,同时也能看到他人的表现。

3. 私下成果设计和公开成果设计

按照成果展示的方式来看,学习成果的设计可以分为私下成果设计和公开成果设计。

私下成果设计是学习者操作成果,并不需要把成果公开展示出来,培训师通过单独的沟通和交流去检测和评估。公开成果设计是学习者把所学内容公开呈现出来,便于大家观摩学习和考核。

在课程开发过程中,比如在课题设计、目标设计环节,基本上采用的是私下成果设计,培训师会辅导每个课题组就产出成果进行单独沟通。而结构图设计出来的时候,通常会让课题小组上台展示,所有人都会进行意见反馈。

当然,什么时间选择私下沟通,什么时间选择公开展示,需要考虑的因素比较多,一般在相对比较大的成果节点及时间允许的情况下进行公开展示,这样可以让所有学员共同参与。

需要注意的是,以上各种成果设计方式是交叉的、相互联系的,既显出建构的多样性和丰富性,更激发了学习者的学习热情。

总之,在教学设计中,应尽可能设计多种成果展示方式和形式,让学习者不断建构。

二、学习过程中成果设计的五种方法

1. 现场解答

在教学过程中，让学习者直接回答问题，从而判断其学习效果，是最常见的检验成果的方法。这种方法便于操作，比较适合知识类、概念类内容。把课程中关键的、核心的知识点变成问题，让学习者回答，有助于培训师了解学习者对知识的掌握情况。

这种方法的不足在于缺乏代表性，因为无法让每个学习者都回答问题，往往是照顾了积极学习的人，而忽略了大多数人，而且有时候单纯凭几个问题无法深入检验学习效果。

2. 学习便利贴

让学习者把学习心得或者对内容的理解写在便利贴上，并且贴在墙上呈现。这样既可以促进学习者不断总结，又能引导集体学习，培训师也可以通过查看便利贴内容，判断学习者的掌握情况。

案例：便利贴展示

在"建构主义教学思想"这个模块中，我们使用了便利贴来进行成果展示。在建构主义教学思想相关内容结束后，提出"我理解的建构主义教学思想是什么含义，对我有何启示"的议题，要求大家把问题的答案写到便利贴上，贴到"学习园地"。培训师抽时间看大家的答案，从而判断大家的理解情况。如果发现有人有疑问或者大家普遍存在的问题，培训师就可以进行及时答疑。

为了吸引大家多贴便利贴，可以用奖励的方式。这样，在培训过程中学习者有什么感悟、想法、问题、建议，都会写便利贴贴到"学习园地"，营造了一种良好的学习氛围。培训结束之后，这些便利贴就是可视化的学习成果。

行动学习一类的培训模式，包括促动技术、引导技术等的工作坊，常用的就是成果设计的方式。每个环节都可以采用这样的方式，现场学习氛围很好，成果看得见，值得学习和借鉴。

3. 实际操作

实际操作，指在一部分学习内容结束后，或者所有学习内容结束后，让学习者实际操作所学内容，从而检验学习效果。这种做法既包括过程检测，也包括结果检测。实际上，这就是技能演练型学习活动的运用。

这点往往是培训中欠缺的。培训中如果没有实际操作，就难以检验学习效果。尤其是操作技能方面的培训，成果设计是必需的。

4. 相互辩论

学习者之间的竞争及辩论是促进学习极其重要的方式。通过适当引导让学习者直接辩论，使学习者对学习内容有更加深入的理解和运用，同时还能促进学习者之间的相互学习和交流，真正激发团队智慧。

当然，如果能把辩论研讨的结果展示出来，那就是更好的成果设计。建构主义倡导的学习共同体的团队学习，也包括学习者之间的交流和碰撞。

5. 作业练习

在学习过程中，尤其是在每一节课结束的时候布置作业，可以让学习者持续保持学习状态，是很好的学习成果设计方式。这也是中小学教育中最常见的方式，但是在成人培训中往往被忽略。

作业练习还可以和学习活动相结合。在即将下课的时候，把正在做的学习活动布置成作业，既能让学习者持续学习，又能控制时间。因为在学习活动过程中，各个小组或者个人的学习进度不一样。

在精品课程开发课堂上，每个模块都可以给大家布置作业，大家及时反映学习成果，而且成果都是可视化的，培训师会把一些作业张贴在教室中。大家一步步完成作业，看着自己的学习成果，非常有成就感。培训师也会就作业情况，及时给予反馈和辅导。

三、课程结束阶段成果设计的四种方法

提升学习迁移能力是培训的基本要求，只有学习者做到学以致用，学习才会产生真正的价值。

提升学习迁移能力作为整个教学的目标和指导，可以说是教学的基本准则，贯穿教学的整个过程。所以，在学习和培训结束的时候，将学习成果迁移到工作中的成果设计就成为最主要的内容。

在教学过程中使用的学习成果设计方法，比如现场解答、学习便利贴、作业练习等也适用于结束时的成果设计。除此之外，还有一些方法也可以促进学习能力迁移。

1. 复盘建构

复盘建构，指在学习后进行复盘，对所学内容进行全面回顾，总结对今后工作的启发，是一种系统总结的方式。

复盘的方式可以分为培训师的复盘和学习者的复盘。通常两者需要结合，以相互促进。

当然，为了复盘的效果，在教学过程中，采用意义建构的方式，同时结合后续的行动计划，便于学习者建构。

2. 圣诞树模型

圣诞树模型的意义建构，是湛卢坊团队独创的一种结尾建构方式。培训师让大家按照模型中的"四三二一"进行个人回顾和建构，每个人都按照自己的理解画一棵圣诞树，然后在小组内进行融合，共同建构出一棵具有代表性的圣诞树。

3. 行动计划

行动计划是一种比较常用的强化课程效果的方式。任何培训最终都要落到实践应用中，学习之后，每个人根据自己的情况列出一个应用计划，让所学内容真正落地。这需要个人的坚持，也需要组织方的跟进、监督。

像在"情境高尔夫"课程中，培训师会提供一些管理工具，在课程结束时布置作业，让学习者将这些工具在实践中进行应用并做记录。

案例：课后实践

> 请在两周之内，至少找到一名下属或项目组成员进行面对面沟通，在倾听的基础上重点练习BID反馈，做到可以流畅运用模型。为了便于总结复盘，请把对话要点记录在"BID建设性反馈练习记录表"（见表4-1）上。

表 4-1 BID 建设性反馈练习记录表

	谈话对象		日期	
对话背景				
BID 模型	B（行为）			
	I（影响）			
	D（期望）			
对方反应				
自我评估				

4.考核法

考核法，包括考核、测试、测评、验收等，可以说是一种最基本的成果设计方法。考核法就是在培训结束的时候对学习者进行考核，以便了解学习者的学习情况，为后续的培训辅导及教学提供依据。

考核的方式很多，对个人和团队都可以使用，主要有以下几种：

第一种是测试题，通常的做法是把课程内容设计成测试题，对全员进行考核。

第二种是抽样考核，即抽取一定的学习者进行考核，测试、回答问题。

第三种是成果验收，让学习者把学习内容进行展示，既是考核，也是验收。比如 7D 系列课程中，最后环节都是让学习者展示开发出来的课程。

第四种是认证考核，培训行业有很多"认证课程"，学习者通过考核可以获取相关证书。

除此之外，还有其他方法，比如个人 PK 或者团队 PK，也是很好的考核方式。

考核是最基本的环节，教学上称之为学习评价。课程过程中的考核称为形成性评价，课程结束后的考核称为终结性评价，两者结合，更加科学和全面。从这个角度讲，本章的成果设计，就是学习评价的具体表现。

对于成果设计的呈现方式，可以做得灵活多样。比如：同样是提问，可以采用竞答的方式；同样是考核知识点是否记住，可以采用大家来找碴儿的方式；等等。这样既检验了学员的学习效果，又活跃了课堂氛围。

但是，需要注意的是，成果设计具体采用哪种方式来做，要回归教学目标。比如这部分知识需要学员了解还是记住，不同的学习程度，要采用不同的成果检验方式，具体可参考表4-2。

表4-2 根据教学目标选择成果设计方式

教学目标	成果设计方式
要学员知道	连线、判断、单选、举例、自检
要学员记住	改错、填空、多选、案例分析、讨论、模拟
要学员操作	情景模拟、学员操作分步演练、示错练习

以下是几种成果检验的示例（见图4-1）：

这些方法其实很简单，一学就会，又能够达到立竿见影的效果。其实成果设计的方法很多，大多数培训师也都在运用，只是他们没有系统设计过。

举例：连线

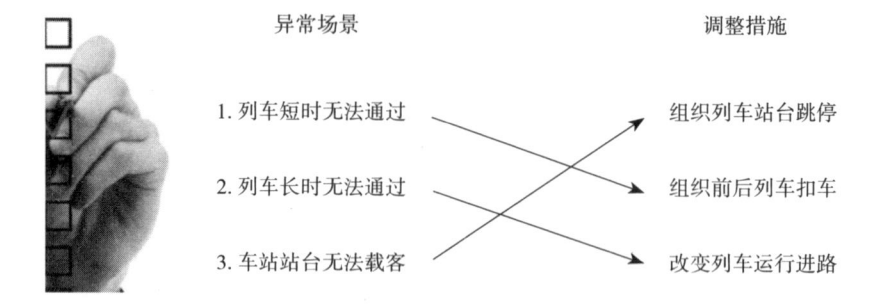

异常场景　　　　　　　　　　调整措施

1. 列车短时无法通过　　　　　组织列车站台跳停

2. 列车长时无法通过　　　　　组织前后列车扣车

3. 车站站台无法载客　　　　　改变列车运行进路

大家来找碴儿

以上图片存在哪些问题？

图 4-1　成果检验方式示例

运用 AI 优化成果设计

培训师可以充分利用 AI，让它提供成果设计的创新方法。可以通过以下四个步骤，对 AI 进行提问：角色设置—提出问题—展示知识点和教学目的—提出要求。

第四章 | 成果设计：强化学习收益

问

你是一名企业内训师，要对学员的学习效果进行检验，设计一些检验的方式。

知识点是：公司企业文化——高瞻远瞩，明察秋毫，行动力强，团队协作。

教学目的：希望学员能够记住，并且深刻理解。

请设计多种检验学习效果的方式，要求是：

• 检验方式不低于三种。

• 要有趣味性。

• 全面检验学习效果。

AI

为了检验学员对公司企业文化的掌握和理解程度，可以设计以下几种既有趣又全面的检验方式。

1. 企业文化知识竞赛

• 形式：将学员分成几个小组，通过抢答或轮流回答的方式进行竞赛。

• 内容：设计一系列与企业文化相关的问题，如企业文化的定义、公司特定文化案例分析、企业文化在日常工作中的体现等。

• 趣味性：可以设置一些陷阱问题或有趣的情景模拟，增加竞赛的挑战性和娱乐性。

2. 角色扮演与案例分析

• 形式：学员根据给定的企业文化相关情景进行角色扮演，展示他们如何将企业文化应用到实际工作中。

• 内容：情景可以包括团队冲突解决、项目决策、客户服务等，要求学员在角色扮演中体现企业文化的四个方面。

• 趣味性：通过戏剧化的表演，增加学习的互动性和趣味性，同时可以通过观众投票选出最佳表演团队。

3. 企业文化海报设计大赛

• 形式：学员或小组需要设计一张海报，展示他们对公司企业文化的理解。

• 内容：海报应包含"高瞻远瞩，明察秋毫，行动力强，团队协作"等元素，可以通过图像、图标、标语等多种形式展现。

• 趣味性：鼓励学员发挥创意，使用各种视觉元素和设计手法，使海报既美观又有深意。

4. 企业文化知识接龙

• 形式：进行一个团队接龙游戏，每个学员需要根据前一个学员的话继续延伸，形成一个关于企业文化的故事或论述。

• 内容：从企业文化的一个方面开始，如"高瞻远瞩"，每个学员依次添加内容，形成一个连贯的故事或讨论。

• 趣味性：这个游戏考验学员的反应速度和创造力，同时也能够以轻松的方式检验他们对企业文化的理解。

5. 企业文化模拟面试

• 形式：模拟面试场景，学员扮演面试官和应聘者，面试官需要根据企业文化提出问题，应聘者则需要展示他们如何符合企业文化。

• 内容：面试问题应围绕企业文化的四个方面，考察应聘者的实际应用能力。

• 趣味性：通过模拟真实场景，增强实践性和学员的参与感，同时可以通过幽默的问答提升趣味性。

本章小结

一、重点知识回顾

1. 成果设计的类型：过程设计和结果设计、团队建构和个人建构、私下成果设计和公开成果设计。

2. 成果设计的方法：过程中有现场解答、学习便利贴、实际操作、相互辩论、作业练习；结束时有复盘建构、圣诞树模型、行动计划。

3. 借助 AI 优化、创新成果设计的方法：角色设置—提出问题—展示知识点和教学目的—提出要求。

二、作业

请拿出自己的课程结构图，看一下在哪些地方可以进行成果设计？通过什么方式可以将成果呈现出来？确认后，标注在课程结构图上，对没有更好思路的地方，可运用 AI 提供成果设计的思路。

MATERIAL DESIGN

| 第五章 |

材料设计：

制作学习资料

学习材料，也称为课程的相关资料，是一门课程必备的内容，也是基本内容。我们从最常用的PPT课件做起，这是本章的重要内容。精心装修的房屋一定是配套完整的，精心设计的课程也是如此，配套资料完整的课程才算得上精品课程。精品课程"八件套"中，所有学习材料都有自己的价值和作用，都是课程必备材料。

PPT 使用常见的误区及设计原则

一、PPT 使用常见误区

PPT 是课程内容的主要载体，用 PPT 制作的课件是课程包的核心内容。设计 PPT 是培训师的基本功，很多培训师在设计和运用 PPT 的时候存在以下常见的误区。

1. 太过依赖 PPT

很多培训师在上课的时候完全对着 PPT 读，没有 PPT 就无法实施教学。这是很多内训师常见的问题，有些职业培训师也有类似问题。

造成这类问题的一个重要原因是：PPT 制作出现了问题。备课的时候把绝大部分内容都放在 PPT 上，自己记不住，上课的时候只能对着 PPT 读。

案例：读 PPT

在某航空集团举办的"良师优课"大赛决赛现场，一位学员的主题是"武器装备发展及启示"。本来这是一个很精彩的主题，但是这位学员一直对着 PPT 读，原定 45 分钟的课程，他 30 分钟就"讲"完了。我们几个评委在答疑的时候询问他原因，他说这门课程是他们小组开发的，组长因为临时有事来不了，所以让他来讲。但是他不敢发挥，只有照着 PPT 读。

此外，还有一个很重要的原因是，在做 PPT 之前，培训师没有设计课程结构图，缺乏整体的课程框架思路，离开 PPT 就不知道应该讲什么、怎么讲了。

2. 不懂 PPT 的美化

很多培训师的 PPT 全篇都是文字，就像是 Word 搬家；或者图片、文字、表格都在一张 PPT 上呈现，信息量非常大，影响了视觉效果，毫无美感。

"留白"是 PPT 制作的基本要求。留出空白，可以更好地凸显关键内容，集中学习者的注意力。很多培训师的 PPT，每页都是密密麻麻的内容，为了不留空白，甚至还专门将一些图片装进 PPT。

案例：给 PPT "减负"

有一次我们给某油田做内训师辅导，发现其中一门课程运用了大量无效图片，我们建议培训师去掉这些内容，他回答："哎呀，我花了好多时间找的这些图片，好舍不得呀。"实际上，在他按照建议去掉后，他发现 PPT"轻松"了很多。他说："视觉压力没那么大了，核心内容很清晰地呈现出来。"

3. 不分场合地使用 PPT

PPT 整体上分为两种类型：一种是阅读型 PPT，另一种是演示型 PPT。

阅读型 PPT，就是把课程内容全部放在 PPT 中，包括关键的文字、数字、图片、表格等。它的作用就是让对方通过阅读，掌握所有内容，不需要其他人在旁边做解释。这是在日常工作中，做工作汇报及给客户做某些方案的时候采用的类型。

演示型 PPT，内容主要是课程的核心要素，更多的内容要通过培训师讲述出来，培训师上课用的一般都是演示型 PPT。

4. 把制作 PPT 当作课程开发

从课程角度而言，PPT 即是课件。按照精品课程"八件套"来说，课件（培训师手册）只是其中一部分，而且是最后一个部分。培训行业习惯性把课件当作课程，有些培训师甚至把制作 PPT 当作唯一的事情，只想优化 PPT，而忘记了案例开发、学习活动开发等。

二、PPT 设计的三个原则

PPT 是协助培训师教学的。在设计 PPT 的过程中，要遵循以下三个基本原则。

1. 一目了然

对学习者来说，一目了然就是看到 PPT 就能明白内容是什么。如果

PPT非常复杂，学习者看不懂，他一方面要听培训师讲，把注意力放在培训师身上；一方面又要记忆，甚至抄写PPT内容，这样会感到很累。

对培训师来说，PPT一目了然，才能使其完全放开阐述。其实在培训行业，有逐渐淡化PPT的趋势。很多流派，包括教练技术、引导技术，PPT更多是起宣传和引导作用，上课的时候已经不用PPT了，培训师用板书，学习者用便利贴等。

培训师要注意：你在PPT中放入的任何信息都可能会吸引学习者，所以PPT上的信息越多，越不能使其专注。

2. 视觉化

PPT看起来要美观、舒服。PPT的作用是协助培训师教学，帮助学习者理解，好的PPT能够为课程增彩。

对PPT的视觉效果有以下几个要求。

（1）整体风格要一致

同一层级的风格要统一。考查一门课程的PPT，首先是通过浏览模式看课程的结构、各个模块的风格。规范的课件结构是非常清楚的，便于培训师做自我检测，看是否有遗漏或者重复的内容。

（2）内容要简洁

关于PPT的文字使用有一种说法：文不如字，字不如表，表不如图，图不如景。

文不如字，是说一大段文章不如几个关键字。几个关键字就能让学员非常清晰地看到核心内容，而不是在一段文字中找不出重点。

字不如表，是说有些数据类内容可以用表格来呈现，更加直观，尤其数据型案例，表格能一目了然地呈现，文字则很难一目了然。

表不如图，因为图片、图画、图形更加形象，更有视觉感，看起来更舒服。

图不如景，设计一种场景氛围，更能够吸引学员参与。

3. 实用主义

PPT有用即可。实际上，PPT的作用只是辅助教学，绝不应该成为教学的主体，不应该把学习者的注意力都吸引到PPT的表象上。

假设员工参加主题为"销售技巧"的培训回来，领导问他："培训师讲得怎么样？"员工回答："培训师做的PPT很漂亮。"领导再问："我问培训师讲得怎么样，你学到了什么？"学员说："我就是对培训师做的PPT印象很深，技术真的很高。"这就是PPT把培训师的专业给掩盖了。

实用主义原则，其实遵循了奥卡姆剃刀原则，如无必要，勿增实体。如果对学习者学习内容没有什么实际作用，就不需要添加PPT。

> **学习任务：**
> 　　请拿出自己的课件，看看是否符合以上原则，哪些地方可以进行优化。

制作 PPT 的五步流程

首先回忆一下课程开发的几个步骤，也是本书的主要内容：第一步设计主题，第二步设计结构，第三步设计内容，第四步设计成果，第五步设计材料。PPT 属于学习材料的一部分，在前四步的基础之上，PPT 制作也有规范化流程。

通常，PPT 的制作流程如图 5-1 所示。

- 一、确定整体模板风格
- 二、规划各个层级模板
- 三、根据结构图设计内容
- 四、优化 PPT
- 五、巧用 PPT 备注

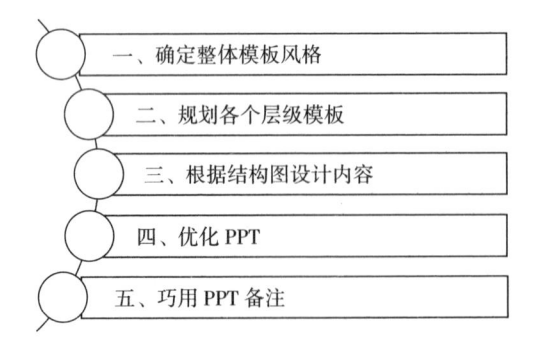

图 5-1　PPT 制作流程

这个流程基于系统化思维方式，按照课程开发的逻辑，先搭框架，再填内容，最后做整体优化。这样可以保证思路清晰，始终保持整体观，避免一开始就纠结于小细节，导致效率低下。下面来看每一步操作。

一、确定整体模板风格

PPT的模板要与课程主题相关，也要与企业文化相关。所以在选择模板的时候，首先要考虑的是，如果是企业内部课程，那么，企业内部有没有统一的模板？如果有，那就比较简单，使用统一模板。如果企业没有严格的要求，就可以根据自己的内容来选择模板，比如商务的、清新的、温文尔雅的、高科技的等。

确定模板主要应考虑两个方面：

一是颜色，课程是产品，也是人格化的体现，颜色最能体现个人的风格；二是模板的风格，不同的模板呈现风格不一样，尤其结构分布不一样。

如果是个人的课程，风格也应该保持一致，这样就能形成个人独特的符号。

二、规划各个层级模板

这是建构主义教学做课件设计最具特色的内容。和课程开发一样，先搭框架，按照金字塔原理一层一层搭建，每一层级的过渡页用不同的样式区别。

图5-2所示的PPT浏览图，帮助培训师在根据结构图做课件的时候，提前看有几个层级，先做好各个层级模板的规划，了解章标题和节标题，以及内容页的样式。

层级模板的标题页，可以在PPT母版里设计好，也可以在PPT编辑状态下进行设计，样式根据自己的喜好来定，保证层级统一、版式一致，不同层级过渡页有所区别就可以。

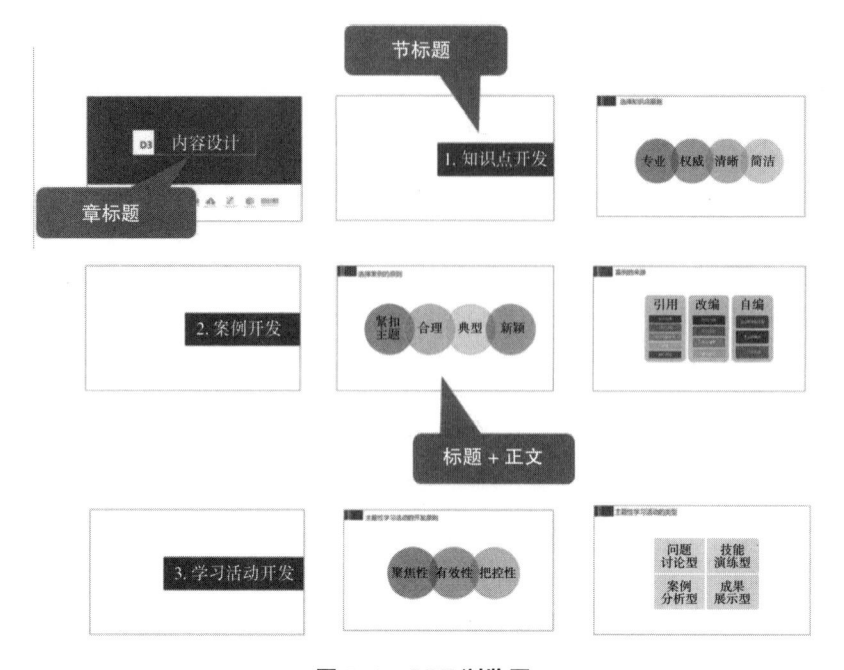

图 5-2　PPT 浏览图

三、根据结构图设计内容

框架搭好后，就可以结合课程结构图，将每个层级的内容逐步添加到 PPT 中。

1. PPT 导入部分设计

PPT 其实就是课程的可视化载体，可以把课程的逻辑结构呈现出来。所以按照课程开发流程，PPT 的导入也是有规范化流程的（见图 5-3）。

按照这个逻辑有序展开，能够让学习者逐步清晰课程是要做什么、自己为什么要来学习、自己的收获是什么，以及对要学习哪些内容做到心中有数。

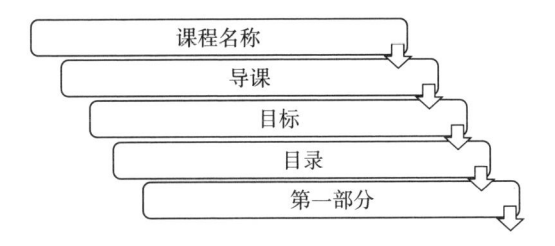

```
课程名称
  导课
    目标
      目录
        第一部分
```

图 5-3　PPT 导入流程

2. PPT 内容设计

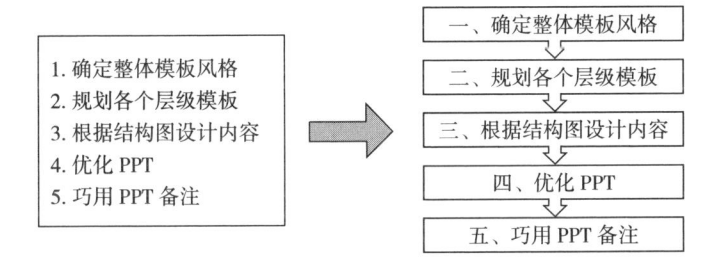

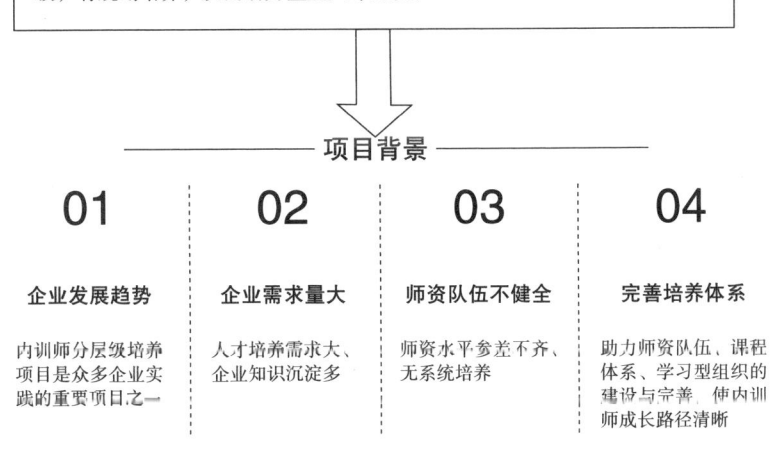

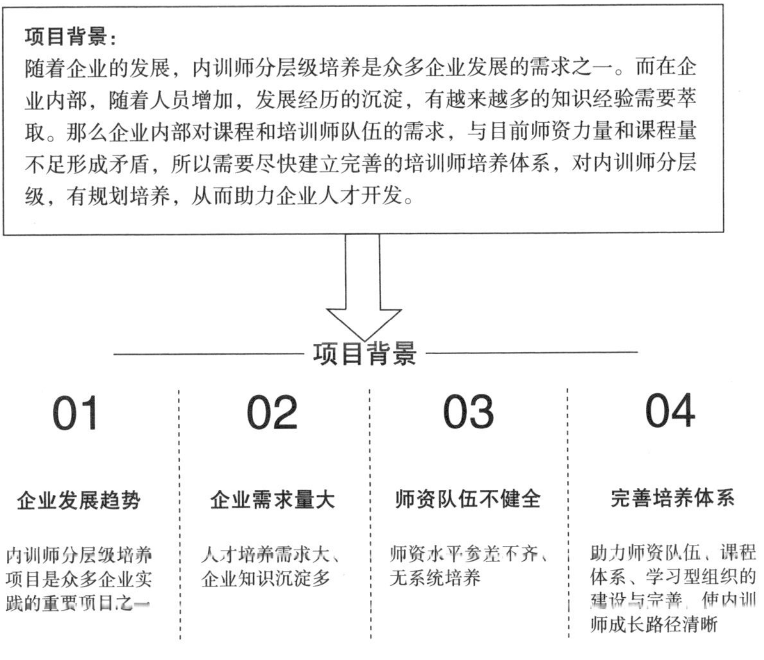

```
1. 确定整体模板风格          一、确定整体模板风格
2. 规划各个层级模板    →    二、规划各个层级模板
3. 根据结构图设计内容        三、根据结构图设计内容
4. 优化 PPT                  四、优化 PPT
5. 巧用 PPT 备注             五、巧用 PPT 备注
```

项目背景：
随着企业的发展，内训师分层级培养是众多企业发展的需求之一。而在企业内部，随着人员增加，发展经历的沉淀，有越来越多的知识经验需要萃取。那么企业内部对课程和培训师队伍的需求，与目前师资力量和课程量不足形成矛盾，所以需要尽快建立完善的培训师培养体系，对内训师分层级，有规划培养，从而助力企业人才开发。

────── 项目背景 ──────

01 企业发展趋势
内训师分层级培养项目是众多企业实践的重要项目之一

02 企业需求量大
人才培养需求大、企业知识沉淀多

03 师资队伍不健全
师资水平参差不齐、无系统培养

04 完善培养体系
助力师资队伍、课程体系、学习型组织的建设与完善，使内训师成长路径清晰

图 5-4　让内容模块化

关于PPT内容的填充，建议大家尝试使用PPT工具模块素材，比如，PPT中自带的SmartArt，就有很多类型的工具模块。这些模块素材，可以让内容模块化，而不是只有单纯的文字（见图5-4）。除此之外，还有专门的模块素材包，培训师可以根据内容性质选择适合的模块。

四、优化PPT

1.要素优化

一页PPT，无外乎由字、框、图组成，这三个要素，每个都有作用。

字。为了让学员看清课程的重点，要避免大篇幅的文字。首选方法是，提炼出关键字词或者短语，去掉修饰、解释性的文字。这一点跟第三章内容设计中知识点的提炼相关联。如果有些文字，实在不能删掉，必须保留，又要让学员看清课程重点，就可以采用突出重点的方式（见图5-5）。

工艺润滑系统的作用	工艺润滑系统的作用
工艺润滑冷却系统用来供给轧辊的润滑和冷却，是机组的重要组成部分。 润滑作用：以有效减小轧制过程中的摩擦，从而大幅降低轧制力、摩擦热，来得到良好的板型，减少磨损和轧制热，延长轧辊使用寿命。 冷却作用：对板面及轧辊进行有效冷却。基于足够的润滑，冷却才能得到有效的保证，因为乳化液系统的流量是一定的。 该系统除轧辊的润滑、冷却外，还用来控制轧辊辊形，与弯辊系统配合达到改善带材表面质量和板型的目的。	润滑：•降低轧制力、摩擦热 •降低轧辊磨损 冷却：•带材冷却 •轧辊冷却、稳定辊形

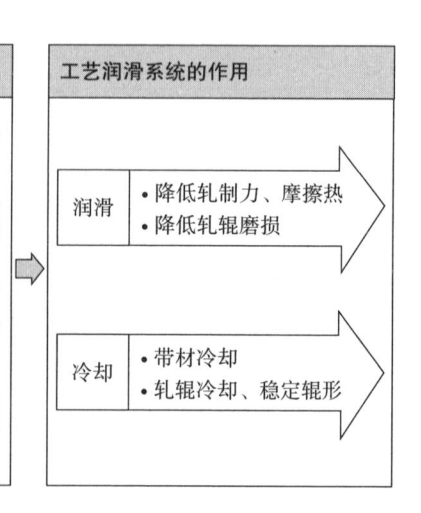

图5-5 文字提炼对比示例

框，指逻辑框。为了准确表达知识点之间的逻辑，可以使用循环框、流程框、并列框等。对文字进行模块化之后，如果有清晰的逻辑，可以找对应的逻辑框来呈现（见图5-6）。

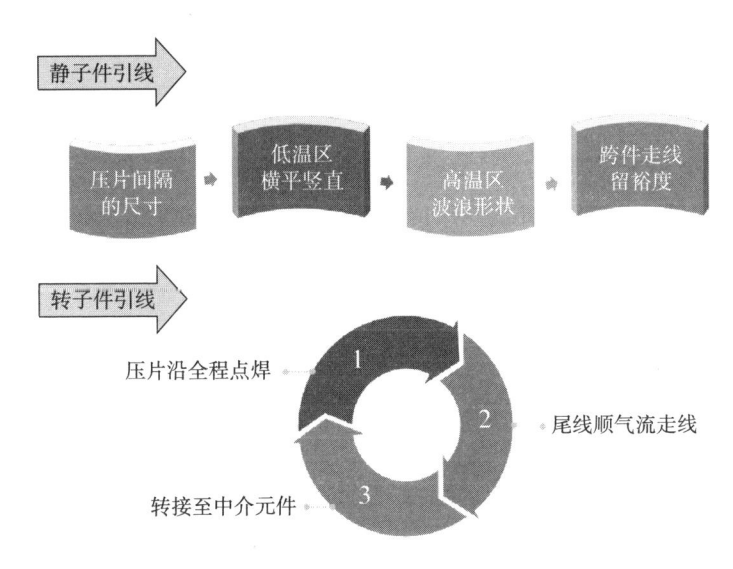

图5-6 用逻辑框展示知识点之间的逻辑

图，指场景化的图片。场景化的图片可以起到身临其境的效果，让我们更直观地理解文字的意思，也就是我们说的"有图有真相"（见图5-7）。

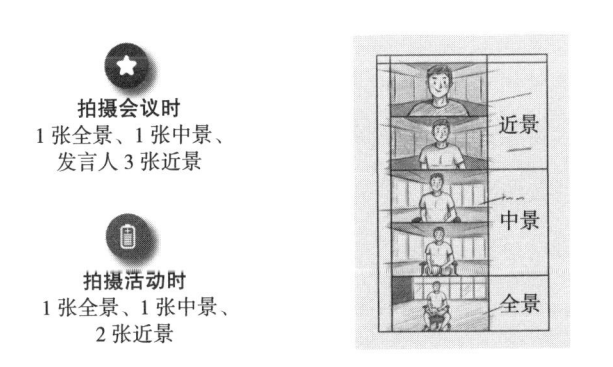

图5-7 图文并茂更直观

2. 整体优化

在完成内容的填充后,再统一看整个PPT。在浏览模式下阅读,看整体的风格、排版、色彩等细节问题,做统一优化,尽量保持风格统一。

这里需要提醒的是,很多培训师忽略字体及大小,不同页同一级别的文字常常大小、字体不一,这需要统一调整。建议尽量避免使用艺术字体,比如立体字、阴影字等,商务场合使用的PPT就用常规字体,宋体、微软雅黑等就可以,需要专门进行PPT设计的课程除外。

需要注意的是,在PPT页面的呈现中,常见的有以下问题。

(1)口语化内容太多

很多培训师的课件,文字特别多,而且有很多口语化内容,比如"我们来看""所以呢""鉴于这种情况"等。这些口语化内容不需要体现在PPT上。

在辅导一位金融企业的课程开发师制作课件时,有一部分这样的内容:

> 承保对象:出口企业的应收账款。
>
> 主要承保风险是:商业信用风险和政治风险。
>
> 商业信用风险主要包括:买方因破产而无力支付债务、买方拖欠货款、买方因自身原因而拒绝收货及付款等。
>
> 政治风险主要包括:因买方所在国禁止或限制汇兑,实施进口管制,撤销进口许可证,发生战争、暴乱等卖方、买方均无法控制的情况,导致买方无法支付货款。

仔细阅读，我们可以发现，上面的文字可以进行精简，让语言更简洁。

我们可以找到这些文字之间的关系：承保风险分为两类，分别对两类进行解释。这样可以用模型图来呈现（见图5-8），比一堆文字在视觉效果上更好，也比较清晰。

```
                    主要承保对象  ➡  出口企业的应收账款
                              │
                         主要承保风险
                         ┌────┴────┐
                   商业信用风险      政治风险
            ┌──────────────┐   ┌──────────────────┐
            │①买方因破产而  │   │①因买方所在国禁止  │
            │  无力支付债务 │   │  或者限制汇兑     │
            │②买方拖欠货款 │   │②实施进口管制     │
            │③买方因自身原 │   │③撤销进口许可证   │
            │  因而拒绝收货 │   │④发生战争、暴乱等 │
            │  及付款       │   │  买方卖方均无法控 │
            │④……          │   │  制的情况，导致买 │
            │               │   │  方无法支付货款   │
            └──────────────┘   └──────────────────┘
```

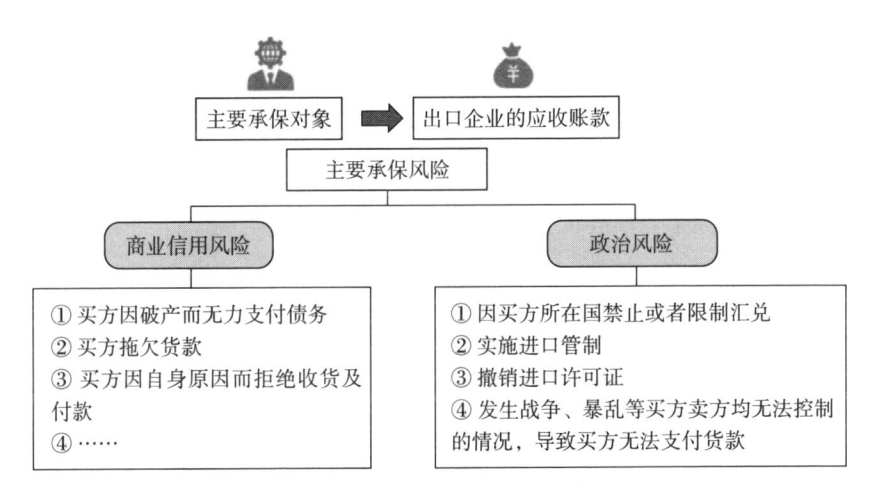

图 5-8　精简文字

（2）同一页内容较多

在一页PPT上展示很多主题内容，让学习者抓不住重点。这样的PPT就是Word搬家。所有要讲的内容都放到PPT上，会让学习者分神。所以要对内容进行提炼，找出内容中的逻辑关系。

PPT的页面内容应该遵循"一页一主题"原则，做到聚焦，让学习者能够清晰了解这一页要讲什么内容。比如下面的案例，是两个独立的内容，可以放在两张PPT上展示（见图5-9）。

7步成课：7D+AI精品课程开发

一、所依据的法律、法规及标准	• 法律：《中华人民共和国安全生产法》《中华人民共和国消防法》 • 国家标准：《职业健康安全管理体系要求及使用指南》（GB/T 45001-2020） • 企业标准：公司《综合管理手册》职业健康安全管理要求

二、术语、概念与定义

1. 职业健康安全（Occupational Health and Safety）

指企业通过各种职业健康安全管理措施来保证所属员工的职业健康安全

图 5-9　同一页 PPT 主题较多

（3）页面结构混乱

很多培训师的课件整体上是按照章节划分的，非常清晰，但是，具体到每一章的内容就会比较混乱，基本上没有逻辑，只是知识点的堆积。这一方面是因为在做课程结构图规划时，没有做得很细；另一方面是因为PPT层级划分不清晰。

图 5-10 中显示课程的第一部分内容比较多，整体看起来结构不清晰，不便于记忆和理解。

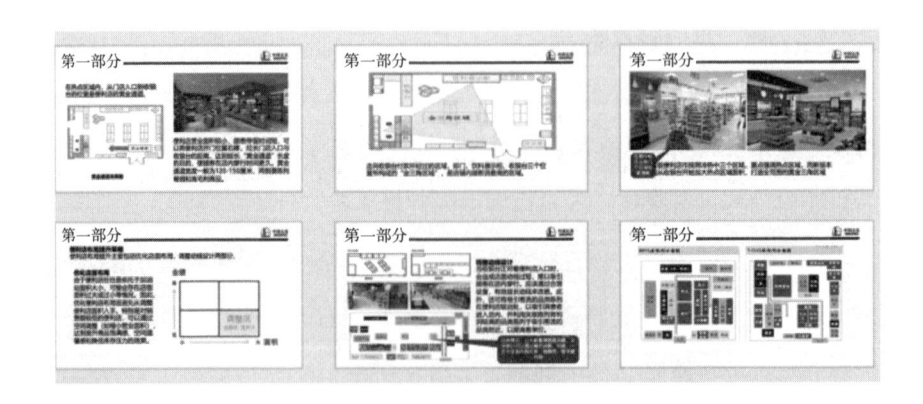

图 5-10　页面混乱的 PPT

如果能结合课程结构图，对 PPT 层级再进行设计，同时增加两级结构过渡页，就会比较清晰了。图 5-11 是优化后的 PPT。

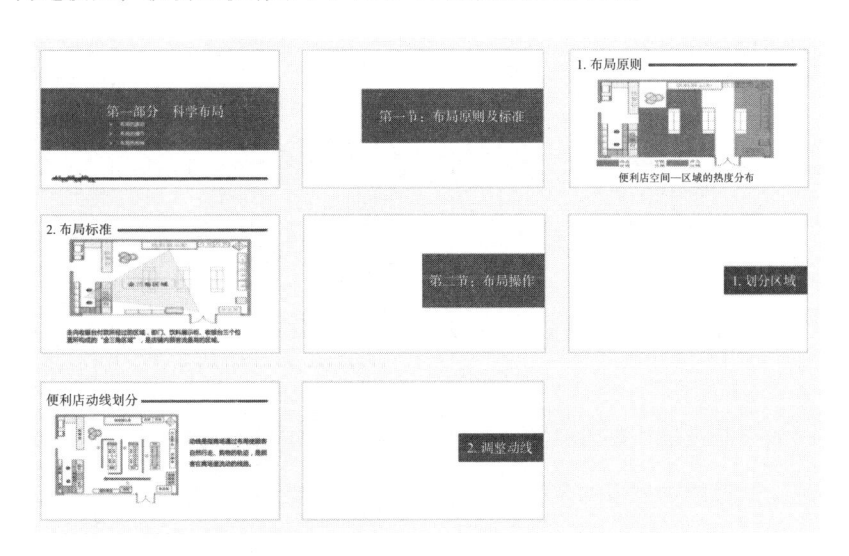

图 5-11 优化后的 PPT

（4）与内容无关的图片

在 PPT 的设计中，要遵循奥卡姆剃刀原则：如无必要，勿增实体。意思是在页面呈现中，出现的任何要素都应该是有意义和有作用的，追求实用主义，无用的内容就要删除。而在实际辅导中，我们发现，很多培训师为了 PPT 的视觉效果，经常增加一些与主题无关的图片素材（见图 5-12），这会分散学习者的注意力。

图 5-12 与主题不相干的配图

（5）模块不完整

在 PPT 设计中，很多培训师非常注重开头，却往往忽视对结尾的设计。PPT 作为一门课程的视觉化呈现，也应该像课程结构一样有导课、正课、结课。在每章结束的时候，以及在课程结束的时候，增加一张 PPT 把重点内容汇总起来，做视觉化总结，帮助学习者强化学习效果。

五、巧用 PPT 备注

如果课程是企业内部使用的，建议在每一页 PPT 或者关键页简单注明此页的目的，采用的教学活动、时长等，以提示培训师实施教学。这样也可以形成标准化的课件，便于内部传承，如图 5-13 所示。这一部分内容，跟本章后面要讲的精品课程"八件套"中的"培训师手册"相关联。

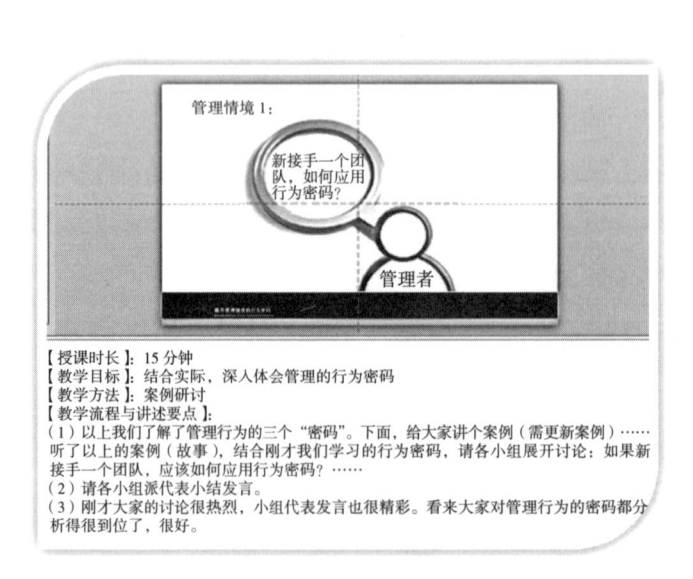

图 5-13　PPT 备注示例

运用 AI 制作 PPT

AI 工具在 PPT 生成方面有很多应用场景，有的办公软件也自带了此类 AI 工具，比如 WPS 的 AI 生成 PPT，导图 XMID 也可以直接导出 PPT 格式。这相对比较简单，我们这里介绍更专业的 PPT 生成工具，常用的有比格 PPT、AIPPT，它们的使用方法差不多，本书以 AIPPT 为例进行讲解。

AIPPT 生成 PPT 有两种情况。

第一种：只给一个主题，它就可以自动生成大纲，并转成 PPT。这一般适用于使用者对内容没有想法，或对内容比较陌生的情况。这种情况下可以全权交给 AIPPT 去做，在它生成的 PPT 基础上再改。可以按照以下的流程操作：

向 AI 输入主题—提出要求，优化标题—提出大纲要求—AI 提供大纲—确定大纲—AI 提供内容—分模块交互细化内容。

作为培训师，本身是内容专家，我们已经把内容设计好了，其实只需要利用 AI 工具转化成 PPT 即可。所以对于第一种情况，不做过多的展开描述。下面介绍第二种：已有内容，让它输出 PPT。

AIPPT 可以接受多种格式文件导入并生成 PPT，最常用的有 Word 文档、导图格式和 Markdown 格式，以及自由模板。

1. 由课程大纲生成 PPT

（1）规范大纲结构层级

导入 Word 文档生成 PPT 时，如果格式不规范，会使生成的 PPT 层级错乱。为了避免这种情况出现，可以先规范大纲的结构与层级，以确保生成的 PPT 更加规范。

第一步，打开 Word 文档。

第二步，选择想要设置为标题的文本。

第三步，在"开始"选项卡中，找到"样式"组，选择"标题 1""标题 2"等样式来设置文本的层级。其中"标题 1"样式通常用于 PPT 的标题，"标题 2"样式用于副标题，而更低级别的样式则用于正文内容（见图 5-14）。

```
《精品课程开发与设计》

D1 学习主题设计——触及学习痛点
一、确定课程主题
    1. 主题的来源
    2. 确定主题的关注点
    3. 规范化的课程名称

二、明确课程目标
    1. 课程目标的三个要求
    2. 课程目标的结构

D2 学习结构设计——规划课程的框架
```

图 5-14　Word 文档各级标题示例

（2）导入 AIPPT

AIPPT 中有"导入"按钮，点击"Word"，从电脑中选中该课程大纲，点击"导入"，AIPPT 将自动识别、解析大纲。生成 PPT 之后，可以对大纲进行调整、修改，也可以用导图的形式修改，使层级更清晰，这就需要我们点击右上角的导图小标志，它会以导图的形式呈现，如图5-15 所示。

我们要检查结构、层级，有时候会发现 AI 对我们原有的大纲"加戏"或"减戏"，自动增加或删去模块和内容。所以，要进行检查，如果发现有多余或者疏漏的地方，则可以在导图形式下进行删除和增加。需要注意的是，如果删除模块，需要按照层级，从最低一层逐一删除，直接删除模块是删不了的。调整完导图，我们可以关闭该框，返回大纲模式。

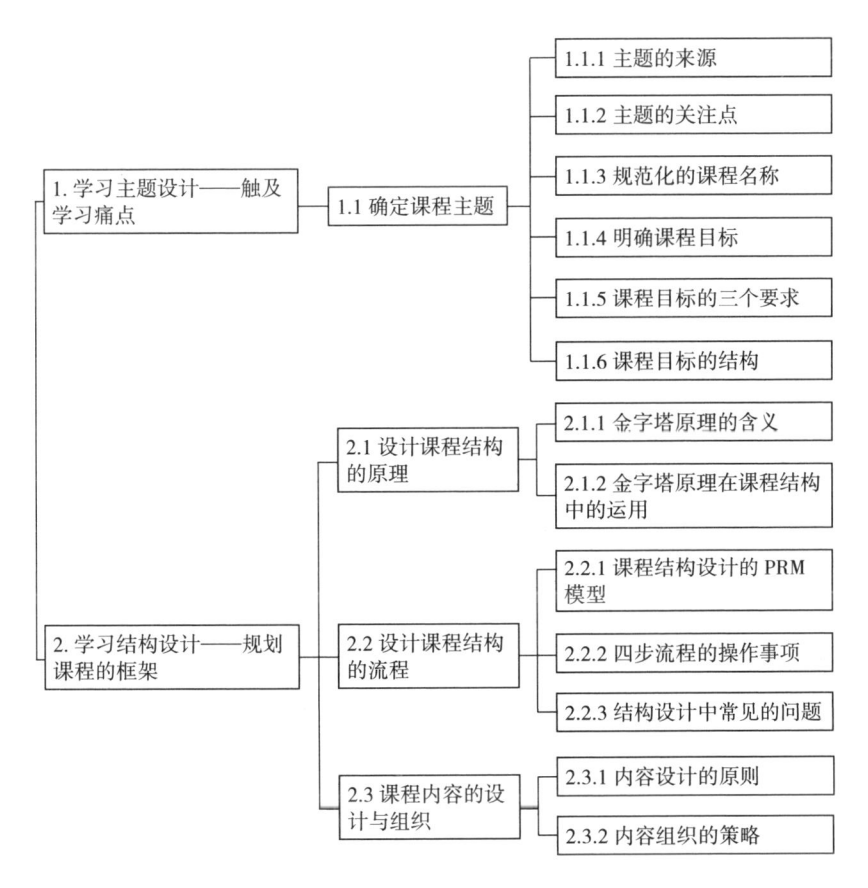

1. 学习主题设计——触及学习痛点	1.1 确定课程主题	1.1.1 主题的来源
		1.1.2 主题的关注点
		1.1.3 规范化的课程名称
		1.1.4 明确课程目标
		1.1.5 课程目标的三个要求
		1.1.6 课程目标的结构
2. 学习结构设计——规划课程的框架	2.1 设计课程结构的原理	2.1.1 金字塔原理的含义
		2.1.2 金字塔原理在课程结构中的运用
	2.2 设计课程结构的流程	2.2.1 课程结构设计的 PRM 模型
		2.2.2 四步流程的操作事项
		2.2.3 结构设计中常见的问题
	2.3 课程内容的设计与组织	2.3.1 内容设计的原则
		2.3.2 内容组织的策略

图 5-15　AI 转成导图形式修改内容

（3）选择 PPT 模板

点击页面中的"一键生成 PPT"，则会出现海量的模板。我们可以根据自己课程的主题选择相应的类别和风格，点击"生成"，一份 PPT 就生成了。

（4）编辑和调整

在 AIPPT 生成 PPT 后，仔细检查每一页的内容和层级，确保它们符合预期的结构。如果有必要，可以手动调整页面布局和内容、更换配色、调整文字等，感觉达到了预期，则可以进行下载保存，如图 5-16 所示。需要注意的是，保存的时候，也要保存"可编辑"模式。

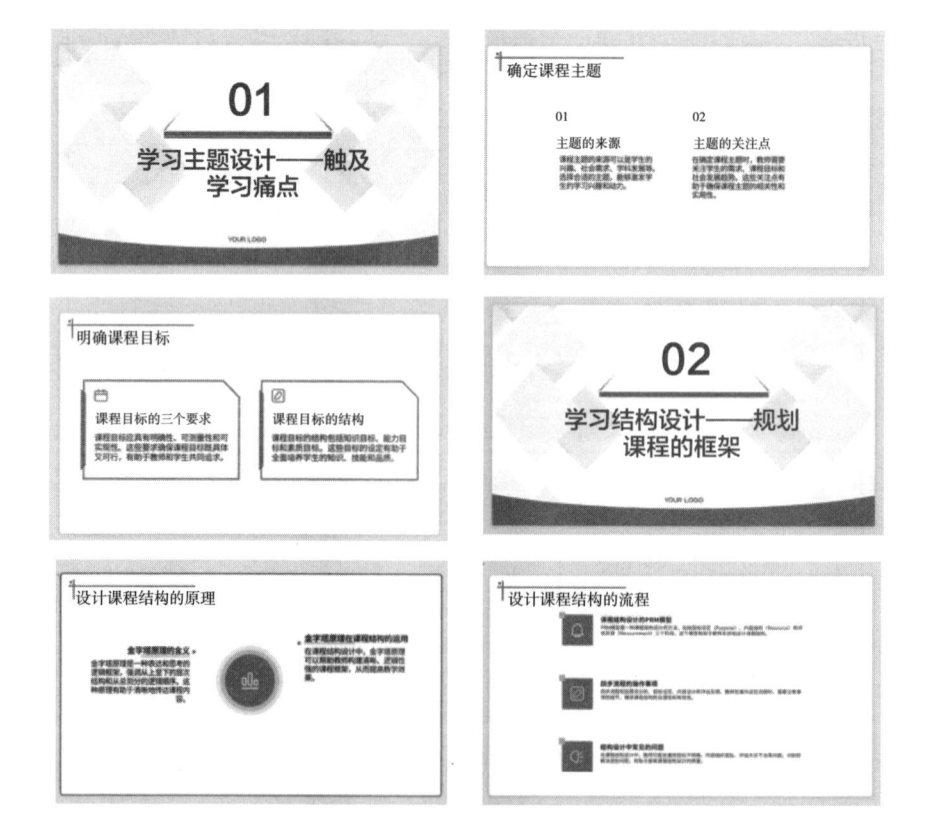

图 5-16　AI 导出 PPT

2. 由课程思维导图生成 PPT

我们搭建课程结构可以运用思维导图工具，这里也可以用导图来生成 PPT，有两种情况。

第一种，有的导图自带"导出 PPT"功能，比如 Xmind，这个更直接、方便，大家可以尝试，但是，生成的 PPT 质量提升空间比较大。

第二种，在 AIPPT 中生成。

步骤一，上传导图。AIPPT 中有"导入"按钮，点击"导图"，从电脑中选中该课程的导图（见图 5-17），导入 AIPPT。

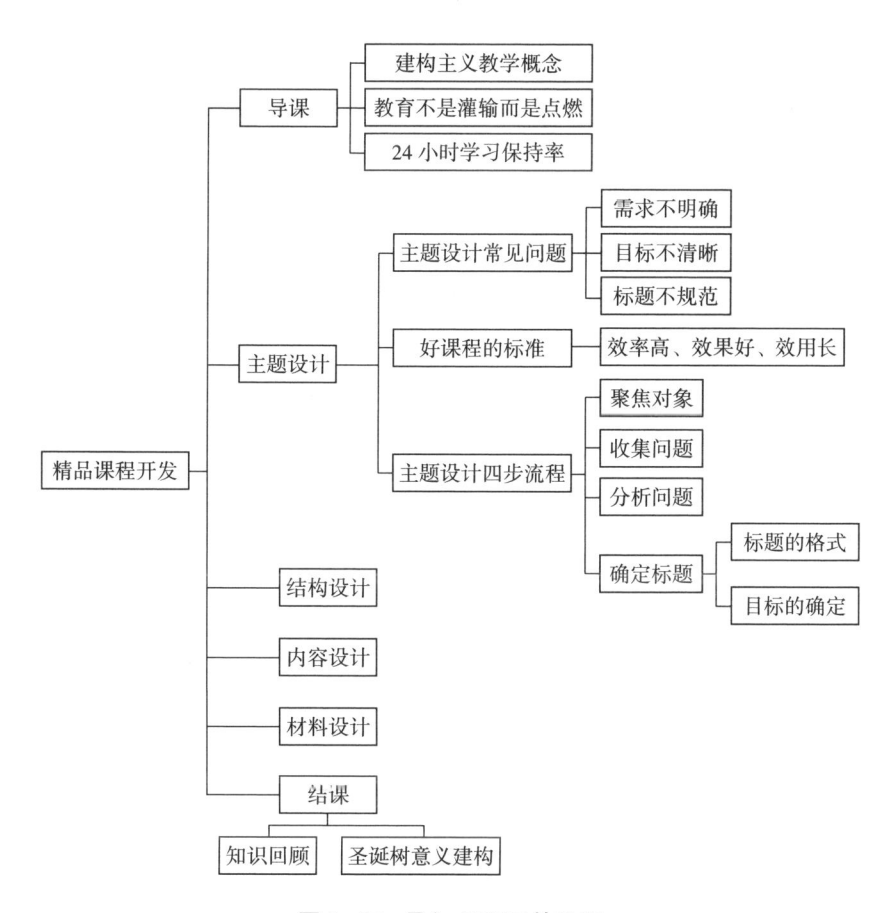

图 5-17 导入 AIPPT 的导图

步骤二，分析内容。AIPPT会对导图进行分析，转化成大纲模式。

步骤三，调整结构。根据AIPPT调整后的大纲，对知识点和层级进行调整并确认。建议用右上角的思维导图模式调整层级（见图5-18），使层级更清晰。

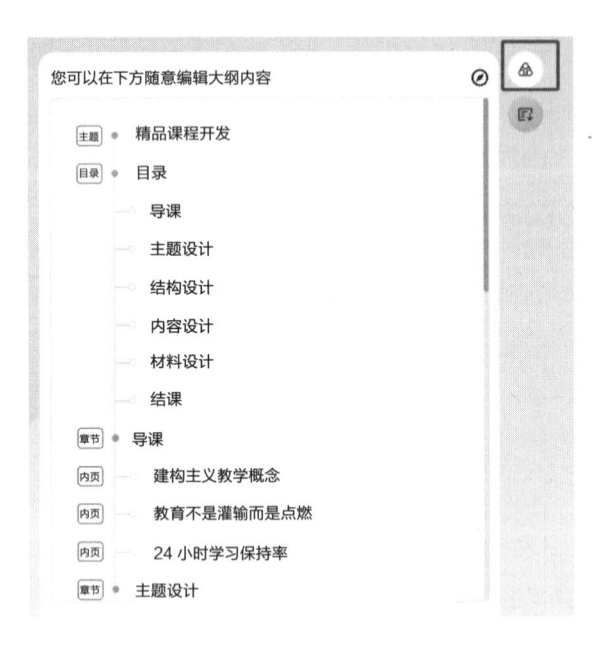

图5-18 AIPPT分析出的大纲模式

步骤四，转化PPT。点击"转化PPT"，选择模板。然后根据自己的课程主题、喜欢的风格选择模板，并点击"生成PPT"，如图5-19所示。

步骤五，优化调整。根据自己的需要，对PPT进行调整、优化，最终确定后下载。

图5-20，只是展示了结构图转化成PPT的样子，未做页面的美化，以及必要图片的添加。培训师需要根据自己的需要，逐步优化。

| 第五章 | 材料设计：制作学习资料

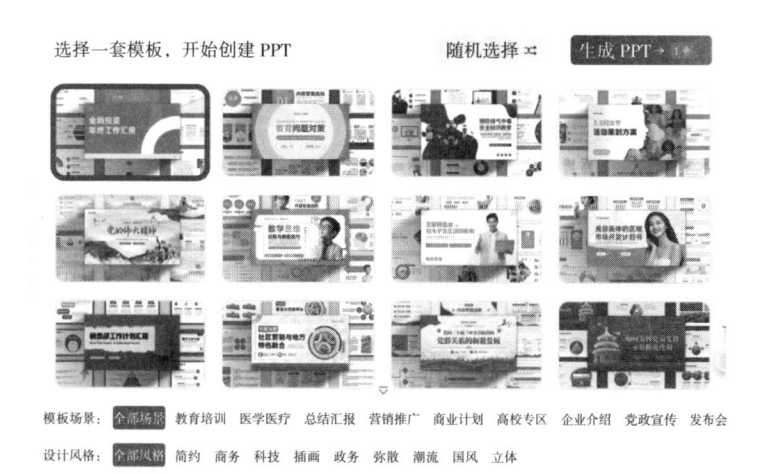

图 5-19 选择合适的模板生成 PPT

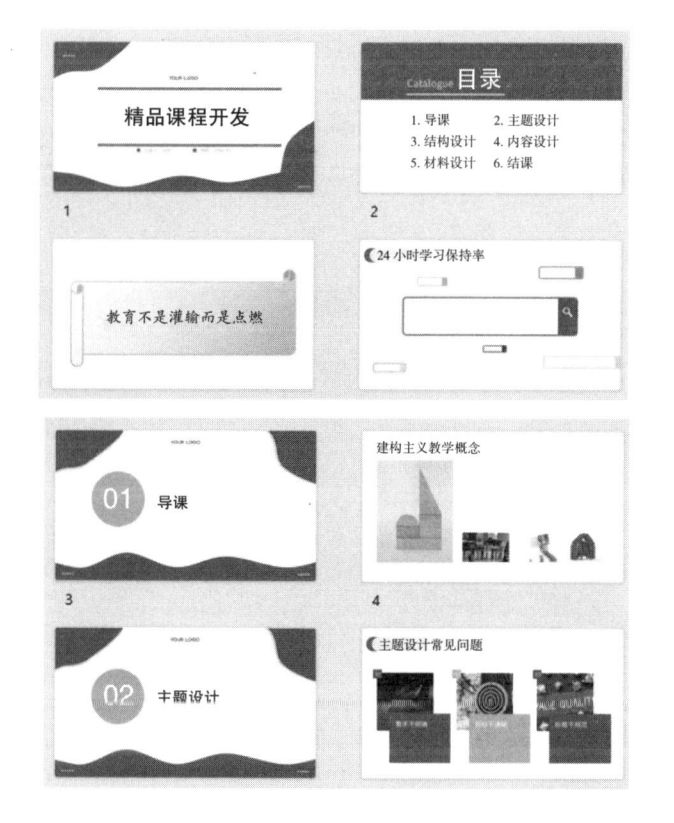

图 5-20 生成的 PPT

3. 由 Markdown 格式文件生成 PPT

Markdown 是一种标记语言，结构化特性比较强。AI 能够有效地解析和理解 Markdown（简称"md 格式"）文件中的内容，使生成的 PPT 更接近我们的要求，更加规范，而且基本不会自己加戏。

（1）认识 md 格式

① ＃数量代表标题的层级。

＃为 PPT 标题，相当于封皮标题页。

＃＃为内页页面标题，可以理解为章节标题，将来会成为目录部分。

＃＃＃为内页内容标题，将来在 PPT 中会是每一页左上角的标题。

＃＃＃＃为内页内容标题，PPT 中每一页内容中的小标题。

② 内容格式。

属于页面正文内容，则在前面加上一个短横线符号"-"。

③ 要注意："＃"和"-"符号后面都需要加上空格，再接文字内容。

md 格式示例，如图 5-21 所示：

```
markdown

# 标题

## 第一章标题

### 第一节标题

- 知识点一
    1. 内容一
    2. 内容二

- 知识点二
    1. 内容一
    2. 内容二
```

图 5-21　md 格式示例

（2）运用 AI 工具生成 md 格式文件

把文档复制到与 AI（比如 Kimi）的对话框，给它指令"将以上文字转化为 Markdown 格式"，AI 就会自动转化。转化之后，要将文档复制到一个文本文档里，然后保存，并把文件后缀改为"md"，一个 md 格式的文件就做好了，如图 5-22 所示：

```
# 精品课程开发
### 目标
- 掌握精品课程的开发流程
- 学会课程结构搭建的方法
- 掌握课程教学设计的方法
## 主题设计
### 主题设计常见问题
#### 需求不明确
#### 目标不清晰
#### 标题不规范
### 好课程标准
#### 效率高
#### 效果好
#### 效用长
### 主题设计的流程
#### 主题确定的依据
- 专业经验
- 市场需求
- 学习技术
#### 问题收集维度
- 知识
- 态度
- 技能
```

图 5-22　调整为 md 格式的文档

（3）把 md 格式文件导入 AIPPT

导入 md 格式文件后，AI 工具通常会根据其结构自动生成相应的布局，如图 5-23 所示。后面的操作同 Word 文档转化，不再重复。

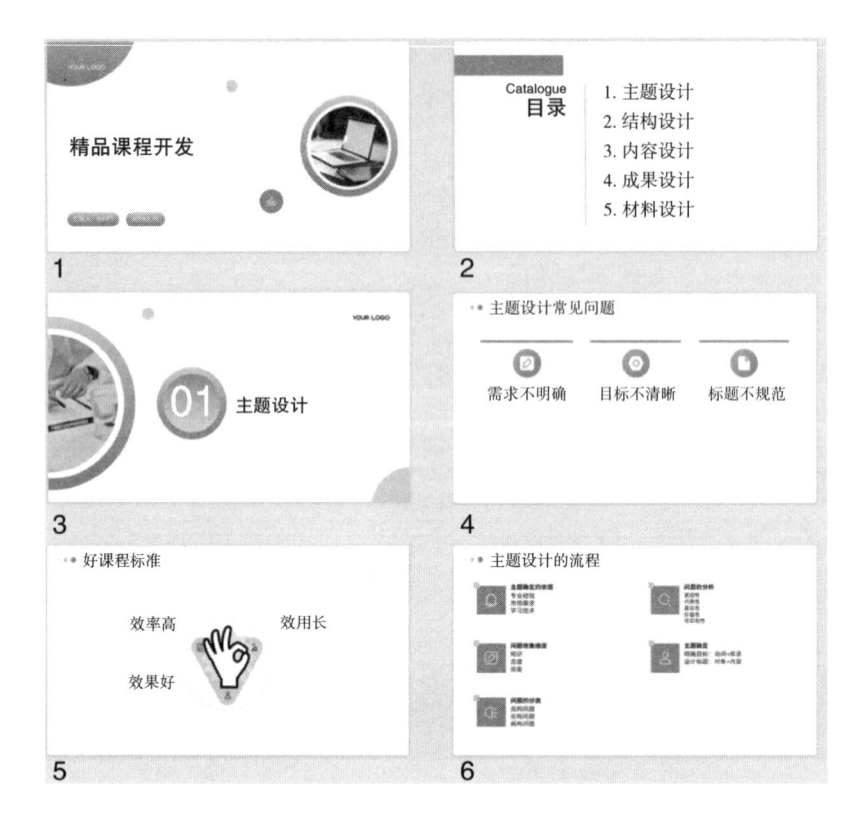

图 5-23　由 md 格式文件生成的 PPT

4. 自有模板导入 AIPPT

企业培训师一般都会有企业统一的模板，有的培训师也会有自己比较心仪的模板，为了精准使用，就需要把自己选中的模板导入 AIPPT，可以按照以下流程来操作。

（1）准备模板

准备或设计自己的 PPT 模板。

（2）导入模板

在 AIPPT 工具中找到"上传本地模板"选项（见图 5-24），上传自有模板。上传完成后，点击"设为模板"，然后在右侧对关键页面逐页进行选择、设置、确认（见图 5-25）。需要注意的是，在设置内容页的时候，不要忘记设置内容页左上角标题的字体、字号及颜色。

图 5-24 上传本地模板选项

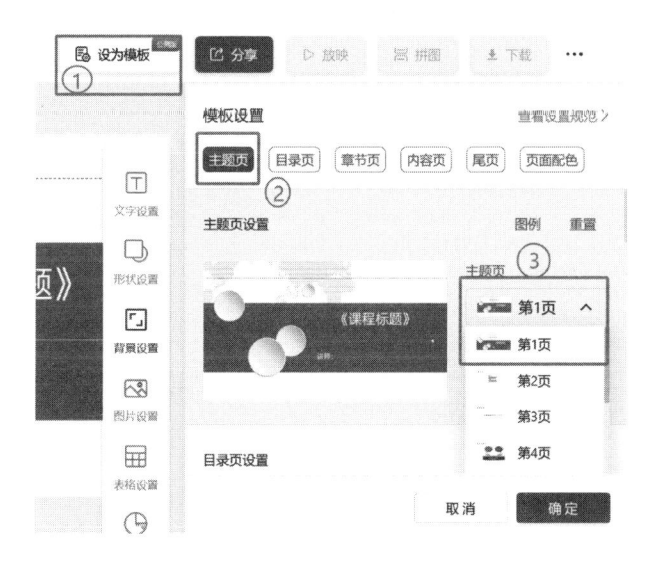

图 5-25 自由模板上传设置步骤

（3）应用模板

在内容层面生成 PPT 时，选择"自定义模板"，就可以看到自己上传的模板，选中后，点击生成 PPT。

（4）调整和优化

生成 PPT 后，根据需要调整模板中的元素，以适应课程内容。

审阅后，导出。

7步成课：7D+AI 精品课程开发

> **小花絮**
>
> 运用 AI 工具生成 PPT，最主要的是提高编辑输入的效率。实际生成的 PPT，效果可能是 60 分，真正要达到你想要的 80~100 分，还需要人为手动设计、调整。所以，对于 PPT 制作能力不是很自信的伙伴，或者制作 PPT 要耗非常多时间的伙伴来说，用 AI 生成 PPT 可以提高效率。但是，对于有一定 PPT 制作技术的伙伴来说，自己动手做可能更快。因为有时候，在 AI 生成的 PPT 的基础上调整会更麻烦。当然，AI 生成 PPT 的能力依然在不断精进，新的功能或者素材不断产生，相信，AI 生成 PPT 的效果也会逐渐提升。

优化整理精品课程"八件套"

一套精心装修的房屋一定是配套完整的。一门精心设计的课程也是如此,课程的配套资料,称为"课程包"。

课程不一样,课程的资料包也不一样,这里介绍行业内常见的课程资料"八件套"(见图5-26)。

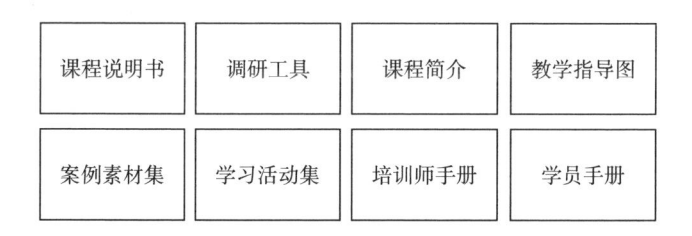

课程说明书	调研工具	课程简介	教学指导图
案例素材集	学习活动集	培训师手册	学员手册

图 5-26 精品课程"八件套"

接下来,对八种课程配套材料从含义、作用和价值,以及操作方法方面进行阐述。

一、课程说明书的制作

课程说明书,也叫"课程开发说明书",用于对即将开发的课程进行概括性说明。内容包括课程名称、对象、时长、创作思路、理论基础、内容框架、课程目标等。

1. 课程说明书的主要作用

（1）帮助课程开发师进行整体规划

课程开发师在开发课程之前，可以使用课程说明书对即将开发的课程进行整体和初步的规划，同时发现不足，并且做好相应准备。

如果一个课程开发师无法填写课程说明书，就表明这个课程开发师存在某些困惑，这将会影响到课程开发的过程。要么多做准备，要么及时更换课题，不要在开发一段时间后再发现问题。

（2）帮助主管部门初步审核课程

一家企业开发的课程要用在企业培训中才有价值，所以首先要确保课程是会被采购的，这需要企业培训主管部门对课程进行初步审核，符合企业的需要才能开发。培训的主管部门通过审核课程说明书，判断课程的价值，发现问题并及时纠正。

在实践中，往往存在这种情况：企业内训师辛苦开发的课程被束之高阁，根本无法用上。这不仅浪费了人力物力，更是对企业内训师的打击，影响其课程开发热情，同时也影响企业高层对企业内部开发课程的态度，他们会认为这是浪费时间。

（3）帮助培训师了解学习者（课程开发师）的状况

在 7D 精品课程开发中，培训师可以通过学习者的课程说明书来了解他们的基本状况，了解他们的课程开发水平。比如前文提到的"课程名称"，如果学习者的课程说明书提供的课程名称符合标准，就表明他们的基础较好，反之也能发现问题。

综上所述，课程说明书是一个非常好的工具。在课程开发前，让课程开发师填写课程说明书，对于课程开发师本人、企业的项目负责人，以及授课培训师都很有价值。

2. 课程说明书模板

表 5-1 是常用的课程说明书模板，供参考。

表 5-1　课程说明书模板

姓名（课题开发小组所有成员）：　　　部门：　　　填写日期：

项目	说明 / 举例	内容
课题方向	写出拟开发课题的方向或名字	
课程背景	希望解决什么样的问题	
	是什么原因要开发这个课题	
学员对象	开发出来讲给什么人听	
授课时长	一小时 / 半天 / 一天	
内容来源	来自什么理论、什么书籍，还是来自实践经验的总结	
课程目标	学员有什么样的收获：了解了什么，掌握了什么	
内容简介	课程结构模块：整体上分为几个模块，每个模块又包括哪些	
难点及困惑	你在开发本课程时遇到哪些问题，最大的困难是什么	
期望成果	你期望本次学习最大的收获是什么	

本说明书是开发课程的基础，同时也给授课老师提供最有效的信息，请如实填写。

不少课程开发师此前并没有经过专业训练，也不一定掌握课程开发的完整内容，因此课程说明书的要求比较宽泛，并不需要课程开发师完全按照正式标准填写。

比如"课程名称"的标准填写要求是"对象 + 内容"，但是课程开发师如果没有学习过，填写自己的课程名称就可以。

二、调研工具的整理

调研工具是课程包中的必备内容，调研工具有很多，至少应包括以下两个：

一是背景调查表，用于了解学习者的基本情况，以及主管部门对本次培训的期待和建议。

二是课程内容调查表，主要是对学习者进行调查，了解他们的真实需求。

需求调查的内容在本书第一章中已有阐述，有关书籍、材料也比较多，此处不再赘述。

案例："情境高尔夫"调查表

经典版权课程"情境高尔夫"的内训版本都是定制的，所以有一套完整的调查工具：

第一个是"内容简介"，包括12洞的题目，这是为了方便培训主管选择，以及确定整体框架内容。

第二个是"内容调查表"，把主题相关的核心内容列举出来，供学员提前进行选择，同时了解学员的学习需求。

第三个是"案例收集表"，收集学员提供的现实工作中的案例，加工为课程内容，组成高尔夫课程的"球洞"。

三、课程简介的制作

这部分内容在本书第三章"课程简介的设计"中也有阐述。

课程简介是对课程整体性的介绍，学习者通过课程简介就能对课程有整体的了解。再次说明，因其主要部分是课程大纲，有时课程简介也称作课程大纲。

课程简介是课程资料包中的必备内容，跟教学指导图、教学 PPT 组成"课程核心三件套"。

课程简介跟课程说明书有相似的地方，不同之处在于，课程简介是课程开发结束后对课程的整体概括，而课程说明书是课程正式开发之前的初步规划；课程简介主要是给客户看的，采购课程的负责人通过课程简介可以初步了解课程，进行采购意向的初步判断。

对于职业培训师来说，一家企业如果想采购某门课程，通常会要求培训师把课程简介先发过去，以便整体了解该课程。

在企业内部培训中，企业部门主管也通过课程简介来了解培训内容，从而安排相应员工来参加培训。

因此，课程简介是必不可少的。没有课程简介，客户就无法了解课程，从而阻碍客户采购。

四、教学指导图的设计

教学指导图，是像施工图一样的指导培训师教学的指南，是在课程结构图的基础之上，增加教学方面的内容。课程内容加上教学设计，就成了教学指导图，包括时间安排、重点难点规划、学习活动安排、成果设计的具体方法等。

教学指导图提供课程的整体规划，能够让培训师对课程内容和教学方法了然于胸，对于正式上课充满信心。

教学指导图是目前行业中比较欠缺的内容，很多培训师没有指导图，只有 PPT，或者只有"脑图"（脑海中的图）。培训师如果能够将所有教学内容和方法设计成一张教学指导图，就能够非常清晰地梳理整个课程内容，做到心中有数，遇事不慌。

五、案例素材集的整理

案例是课程的基本材料，本书第三章中对案例开发有详细的阐述，案例素材集就是将开发出来的各种案例集合在一起。培训师在上课的过程中可以选择与课程内容对应的案例。

六、学习活动集的整理

学习活动是最能体现建构主义教学思想的内容，也是让学习者真正得以建构的内容。学习活动集就是将课程的各项学习活动统一归纳，系统集合。

七、培训师手册的开发

到底什么是培训师手册，不同的流派有不同的看法。

从行为主义教学观来看，培训师手册就是教学指导书，是培训师上课的教学指南，对教学内容、教学方法等有详细说明。培训师手册应包括每一节课的安排，每一页PPT的内容，还有讲课的"话术"，甚至"语言稿"，即把每部分内容都详细写出来，形成标准化教学指南。培训师在上课之前，需要认真备课，把课程内容及教学方式、学习活动等内容完整地记下来。培训师上课的时候，只需要按照教材详细呈现即可。

这种基于行为主义的教学理念强调了内容的重要性，采用标准化教学，能够确保课程内容不走样，便于更好地复制。这就是因"材"施教，"材"指的是教材。

这种思想指导下形成的培训师手册，对行业影响深远。很多培训师，包括企业培训的管理者都以这种培训师手册作为课程标准（见图5-27）。

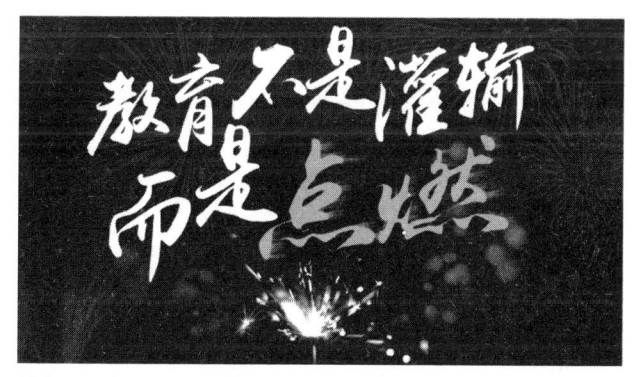

教育不是灌输，而是点燃。我们从被点燃开始，在未来的培训中，去点燃我们的学习者。引发学习者的思考，激活学习者的旧知，激发学习者的新知并产生解决问题的能力。所以倡导建构主义教学思维的培训师更像一名医生，从诊断问题出发，聚焦问题，解决问题。
真正能解决问题的"专家"是谁呀？是学习者。我们能做的是，帮助学习者发现问题，再给予他们工具、流程、方法做支撑，让他们能更好地学习。

图5-27 "逐字稿"培训师手册

这种"以教为主"的行为主义教学思想将在本书第七章阐述。

从建构主义教学观来看，培训师手册就是带有备注的PPT，即培训师版PPT。PPT是课程的核心内容，培训师手册在此基础上标注了教学方法、学习活动、时间安排等。培训师手册并没有统一的"话术"，更没有完整的文字内容，即所谓的逐字稿。培训师在备课的时候，除了要记住PPT呈现的关键内容外，还要根据教学过程的具体状况采用相应的应变措施，而不是完全背诵教材。

建构主义认为，培训师在上课的时候应真正做到以学习者为中心，根据学习者的学习状况进行相应调整，如果仅仅是背诵内容，就做不到以学习者为中心。

同时，为了保证课程有整体规划，需要用教学指导图进行指导。概括地说，就是培训师上课的时候，在教学指导图的指导下，按照培训师版PPT上课，同时以案例集和学习活动集作为备用材料（见图5-28）。

教学目的：引经据典，引起学习者共鸣
讲解要点：这句话的真谛
教学方式：提问、讲解、案例
操作要点：可以提问学习者出处，及自己对这句话的理解
大概时长：5分钟

图5-28 "指导型"培训师手册

八、学员手册的制作

学员手册是培训师给学习者提供的最基本的材料，主要是学员版PPT，还包括学习过程中用到的各种工具、表格，以及练习题等配套的学习材料，同时会加上课堂纪律、时间安排等内容。

学员手册也是基本配套教材，有些培训师对此不够重视，因此带来了种种问题。

学员手册使用中常见的问题有：

第一，没有学员手册。有些培训师觉得没有必要做学员手册，认为学习者上课拿着笔记本记就可以了，或者学习者不需要记笔记就学得会、记得住，没有意识到这份材料的价值。

第二，将学员手册等同于培训师手册。很多培训师提供的学员版PPT和培训师版PPT是一样的，只是改了个名字。如果内容再详细一些，学习者甚至直接拿着PPT就可以自己去学习了。这种情况容易让学习者上课时不注意听讲，因为培训师讲的内容都在学员手册上了。

第三，学员手册删减过多。有的培训师为了保证内容的神秘性，也为了让学习者上课认真听讲，将学员手册删减了大部分内容。这使得学习者因记笔记用了太多精力，而顾不上听培训师讲解。

在精品课程"八件套"中，所有学习材料都有自己的价值和作用，都是课程的必备材料。其中"课程核心三件套"课程简介、教学指导图、教学PPT非常重要，是核心教学材料，缺一不可。

> **学习任务：**
>
> 请拿出自己开发的课程结构图，按照 PPT 课件制作的规范流程，一步步为自己的课程做 PPT 设计。以前的课件，可以作为此次素材选用的相关资料，避免在原课件上做修改。了解了规范的做法，就用起来吧。

本章小结

一、重点知识回顾

  1.PPT 制作的五步流程：确定整体模板风格、规划各个层级模板、根据结构图设计内容、优化 PPT、巧用 PPT 备注。

  2.PPT 制作的原则：一目了然、视觉化、实用主义。

  3.借助 AI 工具生成或者优化 PPT。

  4.精品课程"八件套"的制作。

二、作业

  1.对照本章提到的学习材料，检查自己的课程，看材料是否完备，还有哪些需要完善、补充；当然，学习材料不仅限于精品课程"八件套"，还可以用其他材料来辅助课程的顺利实施。

  2.按照课件的制作流程为自己的新课程制作 PPT，不要在原有课件的基础上修改，原来的只作为素材资料。

  3.根据自己的需要，借助 AI，更加高效地生成、美化 PPT。

LIGHTSPOT DESIGN

| 第六章 |

亮点设计：

创建课程特色

如果说课程名称缺乏亮点只是"皮外伤"的话，那么，课程内容缺乏新意就可以说是"内伤"，甚至是"致命伤"。一个好的课程名称可以说有"锦上添花"的作用，但名称要名副其实，课程内容才是关键所在。教学方法也是提升课程价值的重要方面，是培训师提高核心竞争力的必由之路。

| 第六章 | 亮点设计：创建课程特色

课程缺乏亮点设计的表现

一、课程名称缺乏特色

课程名称缺乏特色，主要有三个表现：

1. 采用通用课程名称

课程名称是通用的，没有独特的、与众不同的、令人耳目一新的名字。

企业的内训师，通常带着某个开发任务而来，开发的主题就是实际工作中的某个问题，有的还把行业名称当作课程名称。

职业培训师也存在这样的问题，他们开发的课程带有某些模仿性质，看到市场上有些课程比较受欢迎，就去开发相似的课程。

因此，我们会看到很多类似的课程名称，如"新员工入职培训""企业文化""执行力""高效沟通""招聘技巧"等通用课程名称。

2. 课程名称中"有内容无对象"

在企业内部课程中，课程名称上最常见的错误是"有内容无对象"。因为内训师开发课程的时候没有把学员放在其中，不是以学员为中心，而是以内容为中心，所以开发出来的课程缺乏针对性。这样的课程由于对象没有聚焦，在实际授课中就会缺乏针对性。

3. 课程名称中"有问题无解决方案"

有很多"问题式标题"，比如"如何提高执行力""怎么制定战略""如何高效沟通""班组长如何做好现场管理"，虽然表面上看这样的标题可以用提问的方式吸引学员，但是学员真正关心的是解决方案。像"阿里管理三板斧"这样的解决方案式课程名称，往往更有吸引力。

二、课程内容缺乏创新

如果说课程名称缺乏亮点只是"皮外伤"的话，那么，课程内容缺乏新意就可以说是"内伤"，甚至是"致命伤"。一个好的课程名称可以说有"锦上添花"的作用，但名称要名副其实，课程内容才是关键所在。

课程内容缺乏新意，根本原因有三个：

第一，缺乏知识体系。

一些培训师在开发课程的时候，没有较完整的知识体系，在内容上更多是模仿和借鉴，缺乏创新性设计。

第二，缺乏教学技术。

比如"萃取技术"，有的培训师虽然收集了很多资料，但是不能有效区分出其中的要点，只能简单地拼凑，缺乏有效组织与提炼，没有重新建构。

第三，缺乏实践验证。

没有真正的体验和感悟，就不能掌握其内涵，更多是浮于表面，所谓"纸上得来终觉浅"。

三、教学方法缺乏创新

大多数企业培训师没有受过专业训练，很多人以为上了 TTT（Train the Trainer，培训培训师）课程就是合格的培训师，实际上很多 TTT 只是表达呈现技巧，并没有包括教学技术等内容。

同时，很少有培训师系统、专业地学过教学理论，多是靠一些授课技巧。而教学理念就像导航系统，没有导航系统，如何能去陌生的地方？没有教学理念，如何确保教学效果？

在建构主义"以学习者为中心，以培训师为主导"的教学理念指导下，培训师可以对课程进行不断优化。如果想要脱颖而出，那就要对课程进行亮点设计，也就是创新性设计。

课程的亮点可以从三个方面进行设计：课程名称吸引人、课程内容打动人、教学方法点燃人（见图 6-1）。

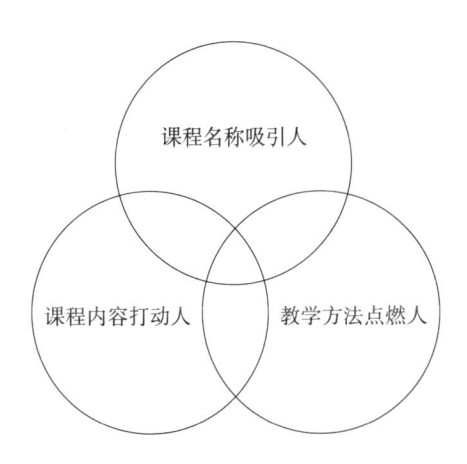

图 6-1 亮点设计三个方向

课程名称吸引人

课程名称，也就是课程标题，这与本书第一章中介绍课程名称的内容有直接联系，可以结合起来阅读和运用。

在信息爆炸的时代，在各种课程层出不穷的培训行业中，如何让课程脱颖而出，引起别人关注呢？最简单的方法就是起一个有特色的课程名称。

一些知名课程除了内容专业、精心准备外，经过仔细打磨、精心设计的名称也是其必备要素。好的课程名称，本质上能激活旧知，唤起学习者心中的经验，把新知和旧知巧妙联系起来，促使学习者产生新认知，还便于传播。

可以从以下几个角度进行课程名称设计。

一、精简化：短小精干，便于传播

根据大脑的记忆力偏好，好的课程名称通常是3~7个字，四五个字的居多，比如"嵌入式督导""概念图思维""领越领导力""关键时刻""结构性思维"。如果名称太长，就需要有简称，比如"高效能人士的七个习惯"，大家习惯性称其为"七个习惯"。

如果课程名称太长，又不能缩减，可以采用双标题甚至三标题的做法。事实上，很多课程都是双标题，比如"金字塔原理：表达的工具"，有的是三标题，比如"拆掉部门墙：情境高尔夫——横向管理"。

案例：班组长培养项目的名称优化

湛卢坊根据市场需求，组织具有丰富实践经验的鹰隼师资力量开发"夯基工程：班组长培养项目"，围绕班组长特定的岗位场景，开发了六门课程。每一门课程聚焦一个主题，成为完整的课程，同时又与其他几门课程相互联系，从而形成一个整体。

每一门课程都由一个培训师领衔，然后团队打磨，从课程名称到具体内容，不断优化。其中一门由刘培训师领衔的课程名称，从最开始的"生产现场的冲突与沟通管理"，到"生产现场冲突管理"，然后到"班组长冲突管理"，再到最后的"班组长冲突管理四板斧"。可以看出，课程名称优化的过程，也是内容不断精进的过程。

二、形象化：赋予形象，强化理解

课程名称的一个作用就是引起学习者的联想，激活学习者的旧知。比如"金字塔原理""情境高尔夫""六顶思考帽""奥卡姆剃刀"等知名版权课程。

某地产集团"建构主义 7D 精品课程开发"项目中，一个小组开发的课程叫"独孤九剑——地产项目落地实务"，也属于这种类型。

三、聚焦化：卖点聚焦，直击痛点

一个好的课程名称要聚焦培训对象，说明是针对哪一类人的课程，吸引这类人参加。尤其是企业内部开发的课程，就是针对企业内部某一类人，或者某些特定工作岗位的员工，所以一定要聚焦。

名称聚焦，其实意味着内容聚焦，内容上要有专门针对某些实际工作问题的解决方案。比如某金融企业开发的"客户经理电话邀约技巧""客户最讨厌的六种服务行为""支行长冲突管理"等。

四、具体化：方法具体，驱动力强

在我们辅导的课程开发项目中，很多内训师常常用提问式课程名称，比如"如何提高工作积极性""如何防范贷款风险"。还有一种课程名称是解决方案式。那么，哪一种更有吸引力呢？

朋友圈看到某减肥产品打了一个广告——"你想减肥吗？××减肥食品让你梦想成真"，这是提问式的。如果改为"30天减肥10斤——××减肥食品让你梦想成真"，这就是解决方案式广告。你觉得哪一种广告语更有吸引力？"高效能人士如何建立好习惯"与"高效能人士的七个习惯"，"如何防范贷款风险"与"四步防范小额贷款风险"，哪种课程名称更有吸引力？

课程名称，如果能够把提问式变为具体的解决方案式，可视化、数字化，往往会更有吸引力和驱动力。

总之，一个好的课程名称，设计方式主要有以下几种（见表6-1）。

表 6-1　几种课程名称设计方式

类型	典型名称	说明
对象 + 主题	• 柜员销售技巧培训 • 中层管理者管理技能训练 • 设备新员工焊接机器人基础操作与维护	对象和内容非常明确
主题 + 对象 + 量化	• 新能源产品新媒体推广五步法 • 整车开发经理风险管控七大模块 • 工艺人员对高效作业的三维五级评估法	不仅包括主题和对象，还把课程内容量化
双标题	• 情境高尔夫"向下管理"——如何有效地管理下属 • 赢在执行——提升中层执行力的五项修炼 • 七大浪费治理技巧——基层管理人员技能培训	一个标题不足以表达时，可以用双标题的方式
形象化标题	• 六顶思考帽 • 柜台严防违法开卡"三板斧" • 老会计教你打造聚合支付"金钟罩"	课程中提供的知识、技能、方法，可以用"物品"或者形容词来表达

运用 AI 优化课程名称

现在有了 AI 工具，我们可以通过对 AI 提问的方式，为课程名称提供思路，激发灵感。

以"基层管理者沟通技巧"这个课程主题为例，对 AI 连续提问。

问 我要开发一门课程，培训对象是基层管理者，培训主题是职场沟通，请设计一下课程标题。

AI 当然，以下是一些针对基层管理者职场沟通技能提升的课程标题建议：

7步成课：7D+AI精品课程开发

1. 沟通力升级：基层管理者的职场沟通精进
2. 言之有术：基层管理沟通与协作技巧
3. 沟通桥梁：构建高效团队的基层管理沟通策略
4. 影响力对话：基层管理者的职场沟通与领导力提升
5. 职场沟通解码：基层管理者的人际交流与冲突解决

这些标题旨在吸引目标受众，并突出课程的核心价值和学习成果。

问

我觉得以上标题还不够具体，请根据以下信息做优化：
- 沟通主题涉及向上、向下和横向。
- 让名称形象化。
- 让名称数字化。

AI

以下是一些优化后的课程标题：

1. 三向沟通：基层管理者的职场沟通全景图
2. 沟通三重奏：向上、向下、横向的职场沟通艺术
3. 沟通360：全方位提升基层管理者的职场交流技巧
4. 沟通金字塔：构建基层管理的向上、向下、横向沟通桥梁

问

我觉得第3个和第4个标题不错，但文字有些多，请精炼这两个标题。

AI

当然，以下是精炼后的标题建议：

1. 沟通360°：基层管理者全向沟通技巧
2. 沟通金字塔：基层管理沟通精要

第六章 | 亮点设计：创建课程特色

问 如果你是一名基层管理者，你觉得哪个标题对你更具吸引力？

AI 作为基层管理者，我可能会对"沟通360°：基层管理者全向沟通技巧"这个标题更感兴趣。原因如下：

• 全面性："360°"形象地传达了课程内容将涵盖所有可能的沟通方向，包括向上、向下和横向，这正是我在日常管理工作中需要的。

• 实用性：标题中的"全向沟通技巧"暗示了课程将提供实用的沟通策略和技巧，这对于提升我的管理效率和团队协作非常有帮助。

• 简洁性：标题简洁明了，直接传达了课程的核心内容，让我一眼就能抓住重点。

另外，还有很重要的一点，如果想把课程设计成版权课程，尤其是想要注册商标，重要指标是"识别性"，具有个性化和独创性。设计这样的名称不仅需要灵感，还需要长期积累，才能厚积薄发。

案例：奥卡姆剃刀

关于"问题分析与解决"方面的课程，在培训行业广受欢迎。可以说，解决问题是每一个职场人士都应该学习和掌握的技能。很多培训师和企业都在采购这样的课程，但是在培训行业并没有建立起某个品牌。我们团队在七八年前运用建构主义教学，也开发了这样一门课程，但是一直没有找到合适的名称。终于在某一天，我们突然想到了"奥卡姆剃刀"这个名称，可以说是灵光乍现。

奥卡姆剃刀原则，源自一个古老而经典的带有哲学理念的故事——"如无必要，勿增实体"。精简原则，也是解决问题的基本原则。于是，我们申请注册商标并且获得批准，课程名称就叫作"奥卡姆剃刀——问题分析与解决"。

我们组建了一个团队，在实践中一边优化和完善课程内容，一边思索和探寻广告词。研发小组在团队共创中，想起广告词"让问题迎刃而解"，于是课程名称变成三段式"让问题迎刃而解：奥卡姆剃刀——问题分析与解决"，有时我们也用两段式"奥卡姆剃刀——让问题迎刃而解"。

经过几年的推广和实践，"奥卡姆剃刀"已经成为"问题分析与解决"这个细分产品的第一品牌。同时，我们跟进学员对象设计了不同的主题，开发出系列产品："奥卡姆剃刀——让团队问题迎刃而解""奥卡姆剃刀——让销售问题迎刃而解""奥卡姆剃刀——让研发问题迎刃而解"。

需要引起重视的是，优化课程名称并不是做"标题党"，只有好的名称，未必就是好课程。在优化课程名称的时候，还要对内容不断梳理。如果在课程名称中已经"数字化"，那么设计内容就要与之呼应。反过来，在设计内容的时候，也要优化课程名称，内容为王，当然必须做到名副其实。

课程内容打动人

精品课程，本质是内容为王，内容制胜。一门课程的真正特色是内容，内容是课程与众不同、脱颖而出的关键。版权课程就是内容为王的最好体现。

> **小花絮**
>
> 这里从两个角度对版权课程的类型进行说明。
>
> **1. 从法律角度：三种类型**
>
> 第一类是注册商标，课程的名字一旦获得注册商标，其他人就不能再用。第二类是版权登记，把课程相关内容（比如本书提到的精品课程"八件套"）在国家版权局登记，进行保护，这相对容易操作。第三类是公开发表或出版，比如论文、专业文章及书籍等，这样保护更全面。
>
> **2. 从内容角度：四种类型**
>
> 版权课程最重要的核心点是原创，或者叫创新。对于版权课程原创的定义，行业内并没有统一说法，可以参考下面的分类：一类版权课，原理是原创的；二类版权课，内容是新的组合；三类版权课，培训方式是创新的；四类版权课，相关材料、配套工具是创新的。

一、内容创新思路

课程内容上创新，有以下两个思路。

1. 新的原理或者理论

在原理上创新是最难的，这需要做深入的研究，尤其需要做深入的基础研究。培训本质上属于应用科学，培训从业者无法真正做到基础研究，属于在他人研究基础上的运用型研究。培训从业者在课程上的创新，可以在前人成果之上进行改良、调整。比如基于彼得·德鲁克的学术成果发展起来的系列课程和项目。

2. 重新组合

培训可以学习在内容组合方式上创新。实际上，这种创新是培训业最主要的思路，也是很多经典版权课程的共同特征。

"七个习惯"这门课程中每个习惯都不是创新，但是以聚焦"高效能"为目标，将七个习惯有机组合，并配以相应工具，就是创新。

"领越领导力"课程中的五种领导力要素，每一种要素都不是原创的，但是在浩如烟海的领导力理论及各种流派中，选择这五种要素并进行有效组织，再配以相应的教学方式，就是一种创新。

本书的 7D，其根本原理还是基本的教学设计理论，尤其是加涅《教学设计原理》。7D 基本工具源自经典的模型 ADDIE，尤其聚焦 ADD。我们在参阅大量的教学设计及教学技术的书籍后，经过丰富的实践运用，不断地修改、调整，最终设计出 7D。7D 本质上也是一种组合，每个设计都不是原创的，但是七个设计组合成的教学工具和方法，就是一种创新。

二、内容创新的具体方法

内容创新的具体方法，归纳起来可以称为减法、加法和建模。

1. 减法：聚焦

其一，内容上聚焦，删除一些内容，比如"领越领导力"，只聚焦五种领导力因素。

其二，对象聚焦，跨部门沟通、向上沟通、向下沟通，比如"基层管理者高效沟通"。

其三，对象和内容都聚焦，比如"基层管理者向下沟通""营销人员的沟通礼仪""营销人员的电话沟通礼仪""客服人员应对异议礼仪""向上管理的沟通礼仪"。

在课程开发中，聚焦的创新，其实就是差异化，相对其他通用课程而言，就比较有特色，容易脱颖而出。而且区别于行业品类，可以建立独特的品牌。

聚焦还有 个价值，就是做成系列课程，建立课程体系。比如根据应用场景不同，开发出"情境高尔夫领导力系列"："情境高尔夫——向下管理""情境高尔夫——横向管理""情境高尔夫——向上管理"。情境高尔夫是一种教学模式，还可以开发销售系列、团队管理系列，形成系列产品。

前文案例中的"奥卡姆剃刀"，也发展成为系列课程。

2. 加法：跨界

所谓"加法"，就是把几个内容结合在一起，形成一种创新。

其一，内容上加上某种原理或者理论。比如基于建构主义的教学设计，开发出课程"建构主义 7D 精品课程开发"。

其二，加上一些情景或者技术，比如"情景化市场营销""场景化沟通技巧"。

本书加上了 AI 技术，在原来基础上运用 AI 工具，能够帮助大家快速开发课程。当然，既然用了新的工具和技术，就要真正体现出来，所以本书的七个核心部分都有 AI 工具的运用。跟《建构主义 7D 精品课程开发》相比，内容也做了重新设计，并不是简单的加法。

其三，把几个看似没有直接联系的事物融合在同一门课程。

培训行业中比较流行的方式是将体育运动与企业管理相结合，最早的教练技术就源于此。20 世纪 70 年代，提摩西·加尔韦将网球运动与管理相结合创立了"教练技术"这种模式。我们团队开发"情境高尔夫"的灵感就来源于此。这其实就是一种跨界。

最近几年培训行业出现的"剧本杀"，也是一种跨界。围绕某个主题，设计几个人物角色，再设置一些场景，在剧本杀中教学。学员扮演某个角色进入到场景中，培训师引导大家在角色扮演中学习相关内容。这种模式其实是将表演和培训融合在一起，也是一种创新。

这种跨界创新的最大挑战是"剧本"的内容与实际工作的关联性。按照戴维·乔纳森提出的"有意义学习的五要素"，其中之一是"真实性"，要求教学的内容跟学员真实的工作场景有直接关联。而剧本杀为了追求"剧本"的情节和角色，其内容可能与实际工作缺乏关联，这就要求培训师有很好的引导能力，学员有很好的学习迁移能力。

案例：6S 管理和个人修养的结合

海南鹰隼部落酋长孙培训师开发了一门课程——"职业院校教

职工 6S 管理"。孙培训师自己擅长职业素养礼仪等课程，于是她将 6S 管理和个人修养结合，同时再加上断舍离方面的内容，让这门课程广受欢迎。

6S 管理本来是用在工作现场的内容，其本质上与人的素养是有关联的，同时"整理""整顿""清理""清洁"等内容其实就是断舍离的一个过程。看似无关，其实是有联系的，这样一来，就比单纯讲 6S 管理更有魅力。某职业院校的领导对这门课程的评价是"拔高了传统的 6S 管理"，决定持续采购这门课程。这门课程成为该校教职工培训项目的必备课程。

3. 建模：升级

建模是难度较大的一种创新方式，它在前两者的基础上，进行全新的组合和规划，就是提炼和拔高。它是课程与众不同的地方，也是体现技术含量的地方。而且，用一种模型把知识点的内在逻辑清晰地体现出来，会增强可视化效果，便于传承、传播。

案例：跨界 + 建模

某能源企业组织的专兼职内训师"建构主义 7D 精品课程开发 +AI"项目中，李培训师运用跨界 + 建模的方式，开发了一门课程——"三招四式公文写作"。他借用武术中的几个动作，结合公文写作，从课程名称到课程内容都用这种模型，把一门非常传统的公文写作课程，做得很有特色。经过不断实践和打磨，目前这门课程已经在申请版权。

在课程内容上的建模，就是把课程的核心内容进行提炼和优化，建立一种通用的标准，比如 6S 管理就是建模。建模既是一种内容的创新，又是课程系统性设计的一种方法。

进入职场之前，我一直学习管理方面的内容，比如戴尔·卡耐基、拿破仑·希尔的书籍，还喜欢看企业家传记。进入职场过后，从自学MBA，到在高校学习 MBA，再到学习 EMBA，学习的内容一直与管理学相关，现在家里的书籍基本是与管理学相关的。

我 2004 年左右入行，2006 年正式成为职业培训师，主要做的就是与管理学、领导力相关的培训。尤其是 2007 年成立公司以来，带领小伙伴一起研究和实践，不断推出独具特色的领导力产品，也开发出了行业广受欢迎的领导力产品"情境高尔夫""萨蒙人格领导力""奥卡姆剃刀"等。

同时，我们也在摸索开发领导力项目。在经典的管理学中，管理者有四大职能"计划""组织""领导""控制"。我们团队在这四个管理维度之上，对每个模块进一步分解，分别提出两种能力，合起来就是"四维八力"管理者培养模型。在我们服务的各个管理层级的培养项目中，我们都以此为基础和核心框架，再根据客户具体情况进行优化。这样，既有标准化的模块，又有定制化的内容（见图 6-2）。

建模的本质就是一种创造，也是开发版权的核心技术。"四维八力"模型正是站在巨人肩上，将经典的管理学理论重新组合形成的。

第六章 | 亮点设计：创建课程特色

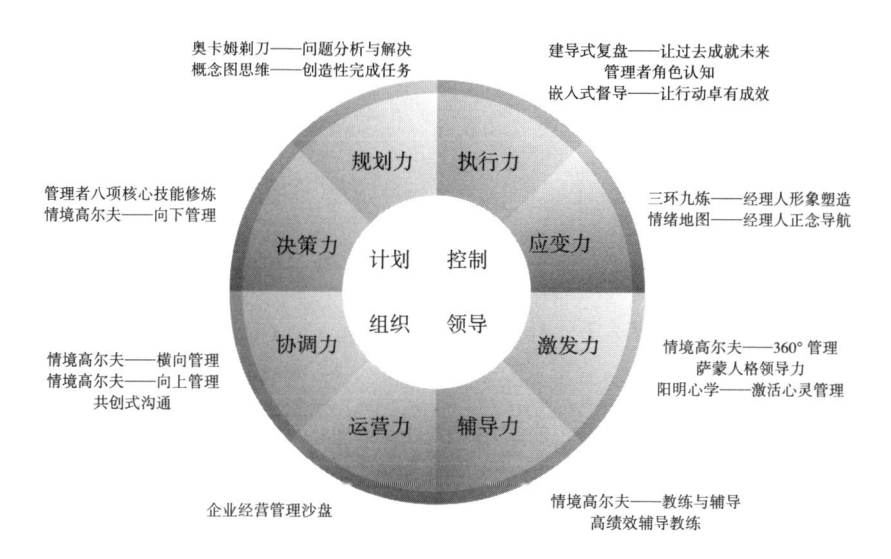

```
             奥卡姆剃刀——问题分析与解决          建导式复盘——让过去成就未来
             概念图思维——创造性完成任务            管理者角色认知
                                               嵌入式督导——让行动卓有成效
                      规划力    执行力

管理者八项核心技能修炼                                      三环九炼——经理人形象塑造
情境高尔夫——向下管理    决策力              应变力         情绪地图——经理人正念导航
                             计划  控制
                             组织  领导
情境高尔夫——横向管理    协调力              激发力         情境高尔夫——360°管理
情境高尔夫——向上管理                                      萨蒙人格领导力
共创式沟通                                                 阳明心学——激活心灵管理
                      运营力    辅导力

                   企业经营管理沙盘          情境高尔夫——教练与辅导
                                            高绩效辅导教练
```

图 6-2 "四维八力"模型

运用 AI 对内容进行创新

上文提到的三种创新思路，都可以借助 AI 工具来优化。还以"基层管理者沟通技巧"课程为例，向 AI 提问。

第一种方式，直接对 AI 进行提问。

问 对于"基层管理者沟通技巧"这门课程，请你提出一些内容创新的思路。

AI 针对基层管理者沟通能力的提升，以下是一些内容创新的思路。

• 沟通风格识别：引入心理学理论，如 DISC 性格测验或 MBTI 人格类型理论，帮助管理者识别自己和他人的沟通风格，

261

从而更有效地进行个性化沟通。

- 非语言沟通强化：除了语言沟通技巧，增加对非语言沟通（如肢体语言、面部表情、声音语调）的培训，以提高全面沟通能力。
- 数据驱动沟通：教授如何使用数据和事实来支持沟通，特别是在需要说服或决策时，如何有效地呈现数据。
- 数字沟通工具的应用：随着远程工作的普及，教授如何有效使用数字化工具进行沟通。
- 冲突解决策略：深入探讨不同类型的冲突及其解决策略，包括如何通过沟通预防和解决团队冲突。
- 跨部门沟通桥梁：专门设计课程内容，帮助管理者理解和协调不同部门之间的沟通，促进跨部门合作。
- 情绪智力与沟通：结合情绪智力（EQ）的概念，教授如何识别和管理情绪，以及如何在沟通中运用情绪智力。
- 沟通伦理与文化敏感性：强调在沟通中保持伦理和文化敏感性，特别是在多元化的工作环境中。
- 故事讲述技巧：教授如何通过故事讲述来增强沟通的影响力，使信息更加吸引人和易于理解。
- 反馈的艺术：专注于如何给予和接受反馈，包括正面反馈和建设性批评，以及如何将反馈转化为行动。

从上面的结果可以看出，AI 的回应非常宽泛，可用性并不理想。因此，我们可以结合上文提到的一些方法，采用另一种方式。

第二种方式，细节上逐模块提问。

比如建模，可以借助 AI 工具，让 AI 提供基础内容，然后进一步归纳、整理、拔高。

第六章 | 亮点设计：创建课程特色

问 基层管理者沟通的核心内容包括五个方面：积极倾听与反馈、清晰表达与结构化思维、非语言沟通的运用、情境适应与策略调整、情绪管理与压力应对。

请对以上五个方面进行提炼，尽量做到结构一致。

AI
- 倾听与反馈。
- 表达与思维。
- 沟通非语言。
- 适应与调整。
- 管理情绪。

问 这五个方面可以成为基层管理者沟通的五要素？五力？五步骤？五维？你认为哪个更合适？有没有更好的表达方式？

AI 这五个方面共同构成了基层管理者沟通能力的一个全面框架。以下是几种可能的表达方式，以及它们各自的适用性。

- 五要素：这种表达方式强调了这些方面是构成有效沟通的基础组成部分。它适合用来描述这些方面是沟通能力不可或缺的基本元素。

- 五力：这种表达方式暗示了这些方面是推动沟通效果的关键力量。它适合用来描述这些方面在沟通中起到的积极作用和影响。

- 五步骤：这种表达方式将这些方面视为沟通过程中的连续步骤。它适合用来描述如果按照这些步骤来执行，可以提高沟通的效率和效果。

- 五维：这种表达方式强调了这些方面是从不同角度或维度

来看待沟通问题的。它适合用来描述这些方面提供了多维度的视角来理解和改进沟通。

- 五原则：这种表达方式强调了这些方面是指导沟通行为的基本准则。它适合用来描述这些方面是沟通时应遵循的基本指导思想。

- 五支柱：这种表达方式将这些方面比作支撑沟通能力的支柱。它适合用来描述这些方面是构建有效沟通的坚实基础。

- 五核心：这种表达方式强调了这些方面是沟通能力的核心组成部分。它适合用来描述这些方面是沟通中最为关键和中心的部分。

综合考虑，如果要选择一种最合适的表达方式，我倾向于使用"五维"，因为"五维"不仅涵盖了全面性，还暗示了它们是从不同角度来增强沟通能力的。这样的表述有助于强调每个方面的独特价值，以及它们在整体沟通能力中的重要性。

所以，我们把它叫作"基层管理者的五维沟通力"，合适吗？ 〔问〕

〔AI〕 将这五个方面称为"基层管理者的五维沟通力"是合适的，这个名称既简洁又具有描述性，能够清晰地传达课程的核心内容和目标。

这里再次强调，AI 提供基础素材，课程开发者需要重新建构，而不是盲目照搬。可以运用多个 AI 工具，站在几个 AI 的肩上进行重构、创新。

教学方法点燃人

在教学方法上增加亮点，是相对容易操作的，也是行业发展的趋势。建构主义教学思想，本质上是在教学技术上有创新。与传统的讲授式教学相比，建构主义教学更多体现在学习者的建构上，让学习者能够更快脱颖而出。

教学方法创新是必由之路，在数字化时代，"混沌学园""得到高研院""黑马训练营"等都有很多大腕上课，普通培训师如果还用传统的讲授方式，与之相比，是毫无优势的。而且，一个培训师如果仅仅是做填鸭式的"传递知识"，一定会被淘汰。

但是，如果在教学内容和教学方法上创新，普通培训师的优势就能体现出来。大腕上课更多的是经验分享，运用的是演讲、故事等方式，他们一般没有正式学过教学技术，更不懂组织研讨、训练等技术手段，而这正是建构主义教学的优势。

所以，从竞争策略的角度，培训师不要跟大腕拼背景、拼名气，也不要与他们拼演讲技巧，而要拼教学技术和学习技术。

> **小花絮**　托马斯·埃斯蒂斯、苏珊·明茨的经典著作《十大教学模式》，总结了中小学教学的十种模式，包括五种基本教学模式——直接教育模式、概念获得模式、概念发展模式、因果关

系模式、词汇习得模式,以及五种高级教学模式——整合教育模式、苏式研讨模式、合作学习模式、探究教学模式、共同研讨模式。

针对企业培训领域,创新型教学方法可以归纳为五大模式:直导教学模式、讨论教学模式、体验教学模式、问题教学模式、情境教学模式。

这五大教学模式的具体内容,如表 6-2 所示:

表 6-2 五大教学模式对比

教学模式	优势	特点
直导教学模式	快速传授知识,适合理论性强的学科,易于管理和评估	教师主导,强调记忆和重复,学生参与度相对较低
讨论教学模式	促进批判性思维,增强学生参与度,培养沟通技巧	学生为中心,鼓励提问和讨论,教师作为引导者和协调者
体验教学模式	增强学习动机,促进知识应用,培养实践技能	通过实践活动学习,强调直接经验,学生自主探索
问题教学模式	激发好奇心和探究欲,培养解决问题的能力,促进深度学习	以问题为中心,学生驱动,教师提供支持和资源
情境教学模式	提高学习相关性,促进知识整合,增强记忆	将学习内容置于真实或模拟的情境中,强调情境与学习内容的联系

有兴趣持续成长的读者,可以借助 AI 工具继续学习。学习过程中,可以按照本书第二章"结构设计"的思路,设计提问,高效获取信息。对于新的知识,适合的结构是 KAS 模型,对应的问题是"内容是什么""有什么作用或者优势""怎么做"。

小花絮

课程的亮点设计,就是创新性设计,而创新既需要掌握方法,更需要深厚的知识体系。培训师进行内容创新,不仅要成长为真正的内容专家,还要能掌握内容之间的内在关联。就算运用 AI 工具，培训师也需要对内容进行辨别、取舍和重新建构。相对传统的百度等搜索工具，AI 工具能够帮助培训师快速获取素材，但培训师要依据专业重新建构，这才叫真正的开发。

教学技术更是如此，这是提升课程价值的重要方面，也是培训师提高核心竞争力的必由之路。尤其是在 AI 时代，靠传递知识为主的传统教学方式，很快会被 AI 工具取代，没有哪一个人的知识容量能够比得上 AI。

就课程开发这个领域而言，本书提到的这些创新思路，正体现了培训师存在的价值，我们希望大家共同努力。

本章小结

一、重点知识回顾

　　1. 课程名称亮点设计的四个角度：

- 短小精干，便于传播。

- 赋予形象，强化理解。

- 卖点聚焦，直击痛点。

- 方法具体，驱动力强。

　　2. 内容创新三种方法：

- 减法：聚焦。

- 加法：跨界。

- 建模：升级。

　　3. 教学方法创新：

直导教学模式、讨论教学模式、体验教学模式、问题教学模式、情境教学模式。

二、作业

看一下自己开发的课程，名称是否可优化？内容是否可创新？教学方法能否点燃学员的热情？

INTEGRATED DESIGN

| 第七章 |

综合设计：

促进深度学习

一门课程在前期开发中,各个模块都已经设计好了,此时还需要一个综合设计,让各个模块相互支撑,形成一个整体,以更好地达成目标,发挥最大效用。

课程整体设计方面存在的问题

一、缺乏系统设计的三种表现

课程缺乏系统性,一种情况是某一门课程缺乏系统性、整体性;另一种情况是以课程组成的项目中,不同课程之间缺乏系统性。

课程缺乏系统性主要有以下几种表现。

1. 在线公开课内容缺乏联系

针对不同对象的公开课,内容缺乏统一性,形成拼凑式课程设计。

某些机构(网络学习)的课程,邀请了多家高校的教授或者某些企业家授课,这些"专家"相互之间缺乏交流和沟通,不仅课程内容上缺乏系统设计,还存在学术门户之别、门派和风格之争,甚至存在相互否定和诋毁的情况。

这样的网络公开课本身就是靠名人效应,更多是以传播知识为主。同时因为本身属于公开课,目的是满足更多学员需求,并没有特定学员对象,因此课程之间缺乏系统设计也是可以理解的。这种"营养保健品"式的课程也成了行业的常态。

2. 线下公开课缺乏内在逻辑

这种公开课的学习对象是多家不同企业的员工，学员对象是特定的，他们会在某个特定时间（通常一年）一起上课，这就要求对课程内容进行系统设计，让内容具有整体性。现在这类课程往往也是拼凑的，虽然进行了系统设计，但还不够科学，内容之间缺乏内在逻辑。

3. 企业内训项目拼盘组合

同一家企业的系列课程，面对同一批学员，多门课程之间缺乏系统设计，这样的"拼盘式"培训在业界大量存在。

最近几年以来，企业客户和培训机构越来越重视产品的系统性，有些优秀的机构往往会组织培训师共创，打造一个系统性课程，共同服务于企业客户。

二、缺乏系统设计的三个原因

产生这种现象的原因，主要有以下几个：

第一，培训师之间缺乏整体设计。行业中存在一些中介机构，没有专业的师资团队，拿到客户的需求之后，去找培训师，拼凑在一起。这些培训师相互之间根本不认识，也就谈不上系统设计。培训师们各自独立，接到机构需求就去上课，也没有时间和精力与其他培训师共同协商，一起设计课程。

第二，缺乏系统设计技术。有些机构有自己的师资，但是没有掌握系统设计技术。他们只是简单把师资组合在一起，最多是在课程名称上进行设计，在课程内容上缺乏内在联系。

第三，企业需求太广泛，机构不能完全满足企业需求，这就需要到外部邀请师资进行合作，外部师资和内部师资缺乏统一协调。

这是学习项目中的课程之间缺乏系统设计。本书重点讲的是某一门课程的综合设计，因为项目源自课程，只有课程做好了，项目才能做好。

教学设计的三个思维

前面提到的培训中的常见现象,其产生的根本原因是在课程设计和教学设计中,没有先进的理论作指导,而是盲目的拼凑。

在这里给大家提供教学设计最常用的三个思维:用户思维、系统思维和设计思维。这三个思维是连贯性的、相互关联的,而且贯穿整个教学始终(见图7-1)。

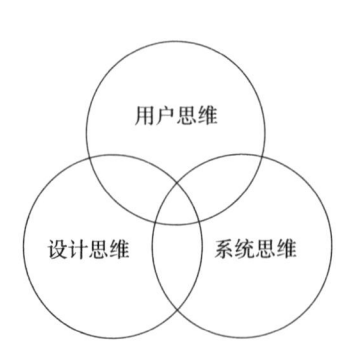

图 7-1 教学设计的三个思维

一、用户思维的要求和体现

用户思维,也就是从用户(学习者)的角度去设计课程,从前期调研、诊断到内容开发,再到实施及学习效果的追踪、落地,都应该贯穿始终。以学习者为中心是建构主义教学的核心,也是本书贯穿始终的思想。

以学习者为中心在教学设计中最直接的体现就是一切教学内容的开发和教学活动的实施都围绕学习者进行,而且根据学习者的状况不断进行调整,真正做到因材施教。

在课程开发的过程中,用10个问题贯穿始终(见表7-1):

表7-1 课程开发10问自检表

问题类型	问题清单
学习者信息	1.学习者是谁 2.学习者现有的知识体系是什么样的 3.学习者有什么样的从业背景
培训需求	4.学习者的需求是什么 5.学习者在工作中的痛点、难点是什么 6.学习者希望通过学习解决什么问题
课程内容	7.对学习者来说,学习的重点是什么 8.对学习者来说,学习的难点是什么 9.课程中的案例是否与学习者相关 10.教学中如何促使学习者愿意学习

以上问题都是用户思维的体现。答案越清楚,教学就越有底气,课程质量就越有保证。

二、系统思维的要求和体现

什么是系统思维?

系统思维是一种全面、综合的思考方式,它强调将事物视为一个整体来考虑，而不是孤立地看待各个部分。系统思维的核心在于理解各个组成部分之间的相互关系和相互作用，以及这些关系和作用如何影响整个系统的行为和性能。

通俗地说，系统思维就像是你玩拼图游戏时，不是只盯着一块拼图看，而是要看看整张图，理解每块拼图是如何和周围的拼图配合在一起的。

运用系统思维设计的课程不是零散的、随意的，而是有计划、有组织的，能够更好地满足学习者的需求，实现教学目标。这样的课程让学习者的参与感更强，有助于教学目标的达成。

结合课程开发的场景，系统思维就体现在对课程进行全局性的整体思考和规划，包括课程开发的整个流程，具体到对某个知识点、案例和学习活动进行整体规划。

这种整体规划能够将课程整合成一个完整体系，使其从课程内容到教学方式都成为有机体。

系统思维在课程开发中的体现：

第一，课程内容开发的流程完整性。从主题设计、结构设计，到内容开发，再到课程的材料及配套资料，整个流程是完整的。

第二，课程内容与教学方式的匹配性。根据课程具体内容，采取相应的教学策略，包括知识类的内容采用的教学方式、态度类的内容采用的教学方式、技能类的内容采用的教学方式，还包括重点内容采用的教学策略等。

第三，同一门课程的内容之间的连接性。连接性包括课程内容各个模块之间的连接性——知识点之间的连接性、案例之间的连接性、学习活动之间的连接性，以及知识点、案例、学习活动三者之间的连接性。

第四，不同课程之间的连接性。虽然不是同一门课程，但是可以通过连接形成系列课程，系列课程之间也有关联。

这四种是课程系统设计的主要模式。最常用的是前三种，也就是同一门课程形成完整的体系。做到这一点，可以算是真正的精品课程。

如果做到第四种，就不只是一门课程，而是系列课程了，甚至成为项目，发展为品牌。

三、设计思维的要求和体现

设计思维是一种为寻求未来改进结果而提供实用和富有创造性解决方案的思维方式，其以解决方案为基础，或者说以解决方案为导向。作为一种思维方式，设计思维被普遍认为具有综合处理能力的性质，它能够理解问题产生的背景、催生洞察力及解决方法，并理性分析和找出最合适的解决方案。

可以说，设计思维是一种创造性的、整体性的、着重于解决方案的思维方式。设计思维放在教学这个大场景下，可以理解为教学设计。教学设计是根据课程目标和教学对象的特点，将教学诸要素进行有序安排，确定合适的教学方案的设想和计划。

设计思维是课程开发最底层的思维，它让课程整体有设计感。无论是标题还是内容，无论是教学方法还是案例分析或学习活动，都应有一套完整的设计思路和方法。

从这个角度讲，设计思维和系统思维是相互关联的整体，称为系统设计。实际上，教学设计有时也被称为教学系统设计。

用户思维、系统思维和设计思维，是教学设计及课程开发中非常重要的思维，在课程开发中是三者的综合性运用。

此外，如果教学设计借用一些艺术化手法，可以让课程更加精彩。

案例：复仇者联盟的启示

"复仇者联盟"系列（简称"复联"系列）电影就是精心设计的大片。从系统设计上看，该系列有以下几个精心设计：

1.每个主演都是系列电影中的英雄人物，比如钢铁侠、蜘蛛侠、雷神。

2.每个英雄都有系列电影，如钢铁侠系列、蜘蛛侠系列。

3.把这些英雄组织在一起设计成"复联"系列。

4.每个系列内部及各个系列之间都有连接。比如雷神之锤，有资格的人才能拿起它，拥有和雷神一样的力量。而在"复联4"中，雷神和灭霸战斗的时候，美国队长拿了雷神之锤参与战斗，"梗"在哪里？当时雷神说，我以前就知道你有这个能力，原来在"复联2"中有一个情节：美国队长让雷神之锤动了一下。

如何让各个系列交织在一起形成一个整体呢？很简单，就是本书一直倡导的任务驱动，用任务驱动的方式连成一个整体——"各路英雄团结一致，战胜灭霸拯救世界"。

用这个案例是因为课程开发"功夫在诗外"，有时候跨界思维能够带来更多的启示。

课程系统化设计的五种方法

运用用户思维、系统思维和设计思维,将课程整合成一个完整的系统性整体,具体有以下五种方法(见图7-2)。

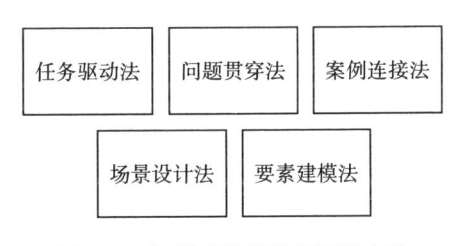

图 7-2 课程系统设计的五种方法

一、任务驱动法

任务驱动法是建构主义及本书一直倡导的方法。任务驱动法就是从任务驱动的角度对内容进行聚焦,与任务相关的内容就进入课程,关系不大的内容就可以省略。

案例:任务驱动的应用

在新员工入职培训中,其中一个内容是"公司组织结构",通常就是按照部门分别进行介绍。在某电力企业的课程开发项目中，一个小组用任务驱动法，以新员工办事作为线索，以办事流程把各部分联系起来，不仅介绍了各部门，还帮助新员工弄清楚了每个部门的职责，以及遇到事情该如何与相关部门沟通。这样的任务驱动能将内容连成一个整体。

任务驱动法是最有效的课程系统设计方式，其核心在于设计关键任务，一旦设计好关键任务，整个流程就清楚了，也就把学员和具体的核心内容联系在了一起。

二、问题贯穿法

问题贯穿法，即围绕主题设计几个关键问题，然后用这几个关键问题将所有内容连接起来形成整体。

问题贯穿法与建构主义的问题解决一脉相承，设计问题的时候需要注意以下几个关键点：

第一，聚焦主题设计问题。要围绕核心主题设计问题，也可以把各个问题对应到相应的主题中去。假如一门课程有四个模块，每个模块都可以用问题来带动开展，这门课程就是四个问题有待解决。

第二，问题具有典型性和代表性。这些问题是学习者共同的"痛点"，一门课程要解决的问题很多，要选择关键的、具有代表性的问题，这些问题也是学员最关注的问题。

第三，以学习者解决问题贯穿始终。课程的开始、展开到结束，都是学习者在解决问题，培训师在过程中通过讲解相应的知识点，引导大家解决问题。

案例：跨部门管理的问题连接

在给华东某轨道交通企业的管理层上"奥卡姆剃刀——让问题迎刃而解"课程时，我们采用了问题贯穿法。

刚上课的时候，由各个小组围绕"跨部门管理中常见的五个问题"设计任务，每个小组收集最具有代表性、难度也比较大的五个问题，并设计成"问题树"，由小组代表进行简单阐述，然后贴在小组的学习园地里。

在上课的过程中，培训师把大家所提的问题融入相关内容，引导学员进行相应的思考和讨论，并且把他们的想法，包括建议和方法，用便利贴贴在"问题树"上。这样，在整个学习过程中，大家都处在问题探讨中。

课程结束的时候，再组织各小组围绕"问题树"进行深入研讨，最后制定出解决方案。

整个教学过程用问题贯穿始终：刚开始呈现问题，中途讨论问题，最后解决问题，形成了一个完整的闭环。

通过这个案例，我们发现，问题贯穿法其实跟问题讨论型学习活动很接近。只不过问题讨论型学习活动是集中一个时间段探讨和解决问题，而问题贯穿法是将问题分析与问题解决贯穿课程始终。

相对于任务驱动法来说，问题贯穿法是更容易操作，也非常受学习者欢迎的方法。同时，问题贯穿法契合了建构主义"学习者解决问题"的基本原则。

三、案例连接法

案例连接法就是以案例的方式把课程各内容模块连接成一个整体。其案例主要呈现方式有以下几种：

第一，由多个案例组成，案例之间有某种关联性，每一个案例对应一个主模块。每个模块都由案例导入课程主要内容，这些案例形成一个整体。

> **案例：学习项目品牌建设的六脉神剑**
>
> 我们辅导了一家新能源汽车行业的企业培训部门，开发了一门"学习项目品牌建设的六脉神剑"课程。这门课程就采用了案例连接法，将学习项目品牌化运营分成六个环节，每个环节以一个案例导入，用案例将所有内容结合成整体。案例并不是同一个，但是相互之间有关联。

第二，将完整的案例分解成多个小案例，每个小案例都对应一个主题，整门课程是非常完整的案例分析。

案例贯穿整个教学过程，类似案例教学法。这种操作方式难度很大，需要开发完整的案例，对于案例的开发和加工要求很高；教学过程中也需要强大的驾驭能力。在现实中很难见到这样的教学，但是一旦能够熟练使用，效果就会很好。

最常见的案例连接法运用，是利用不同案例的有机组合，形成完整的课程内容。

四、场景设计法

场景设计法即场景连接，就是用场景将各内容模块连接成一个整体。

场景化学习是最近几年广受欢迎的方法。场景化是建构主义最经典的理论，有时也称为情景化。戴维·乔纳森最推崇情景化，其专著《学会解决问题：支持问题解决的学习环境设计手册》主要就是讲情景设计。

用不同的应用场景将各内容连接成一个整体。这些场景能够把学习者代入到具体的内容中去，让学习者更加投入和更多参与。版权课程"非暴力沟通"就运用了这样的方法。

场景设计法与案例连接法有些相似，如果案例的内容更丰富、更典型，情节更精彩，就可以变成场景。

五、要素建模法

关于建模在上一章中已有介绍，这里从系统设计角度进一步阐述。

要素建模法即要素连接，就是在课程开发过程中，基于某个原理或者理论要素，将各要素组成一个整体，然后根据各要素分别展开。各要素相对独立，连接起来又是一个整体。

很多经典课程都是基于要素连接开发的。这些课程逻辑清晰，模块间既独立又相互关联，形成了一个整体。咨询行业有很多这样的经典模型，可以把项目轻松变成课程。比如，波特五力模型、波士顿矩阵、SWOT分析法。培训行业也有很多这样的经典课程，比如"高效能人士的七个习惯""领越领导力""MBTI""六项思考帽"等。

案例：五线谱混合式学习项目设计

湛卢坊开发的"五线谱混合式学习项目设计"认证项目，其核心内容"五线谱"，就是以戴维·乔纳森的"有意义学习的五要素"作为基本原理。根据这五个要素开发出"混合式学习项目设计"的五条线，称为"五线谱"。这五条线分别展开，既相互独立，又互相依存，共同谱写了混合式学习项目的美好篇章（见图7-3）。

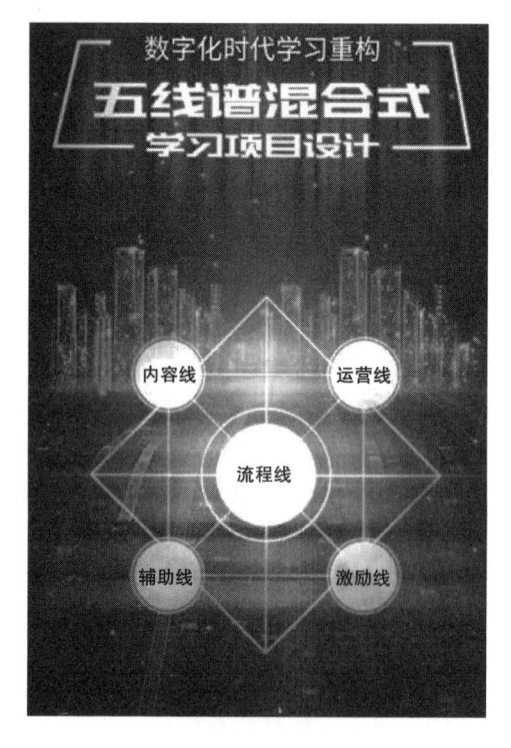

图7-3 五线谱混合式学习项目设计

要素建模法的关键在于要素的科学性，也就是模型的科学性，这些要素模型必须符合相关理论标准，且经丰富的实践验证。这需要足够的时间去学习、钻研和实践，这个过程本身是课程开发最重要的部分。

我们可以运用 AI 工具帮助建模，但是目前并没有一款专门帮助培训师开发课程的 AI 工具，尤其是 7D 的内容，精品课程本身就超越普通课程，有极高的教学技术要求。但是我们依然可以利用 AI 提供基本素材，然后提炼、归纳、拔高。

以上五种方法中，任务驱动法是最常用的，但是难度较大；问题贯穿法是最容易操作的；案例连接法和场景设计法是最吸引人的；要素建模法是最有技术含量的。

这五种方法既可以单独使用，也可以综合使用，每种方法都能够将课程内容连接成一个有机整体，成为真正的精品课程。

当然，仅有整体性的系统化设计还不够，如果知识点是支离破碎的，也算不上真正的精品课程。

真正的精品课程是整体上有系统性，具体内容又是模块化的。

课程的模块化"三维设计"

课程的模块化设计,指的是对课程的主要内容进行模块化设计,从而让每一个模块都是独立和完整的。根据人们熟悉的"总—分—总"三段式的学习模式,把课程的主要模块进行结构化设计,便于学习者更好地学习和掌握,同时更加符合他们碎片化的学习方式。因此,在课程整体系统性设计的基础上,具体内容还需要进行模块化设计。

一、三维设计的具体要求

最经典的模块化设计是"三段式":导课、正课、结课,也称为"三维设计"。导课叫课程的导入,或者课程的开场;正课就是课程的主要内容,也叫正文部分;结课叫课程的结束,或者课程的结尾。

三维设计有几个具体要求。

1. 整门课程要有三维设计

无论课程的时长是多少,1个小时、3个小时、6个小时、两天,还是10分钟、20分钟、30分钟,甚至微课,都要有导课、正课和结课。只要是一门课程,就应该有始有终。

但是在实际的课程中，课程设计往往是有欠缺的，课程时间长的有"三段式"设计，而一些时间较短的，比如 3 分钟以内的课程，就有头无尾，或有尾无头，甚至无头无尾。

2. 每一节课都要有三维设计

每一节课都是一个独立模块，当然应该有始有终，但是现实中很多人这点没有做好。以半天课程为例，可以分成三节课。往往是第一节课上课的时候有导课，但是没有结课，培训师以"大家休息 10 分钟"作为结束语，没有真正的结课。第二节课上课的时候没有导课，通常是"好的，大家休息好了，我们继续……"；这节课结束的时候同样没有结课，以"大家休息 10 分钟"作为结束语。第三节课上课的时候没有导课，结束的时候结课，但是没对半天的课程进行结课。

3. 每一个主要内容都要有三维设计

每一个主要内容都应该做到模块化。以半天的课程为例，并不是每个主要内容都刚好是一节课，有可能在这节课中有两个主题，那么每个主题都需要进行三维设计。

此外，还有一种情况是某个主要内容贯穿两节课，这个主要内容结束也要结课，这才是完整的结束。

总之，三维设计是课程的基本结构模型。整门课程需要三维设计，每节课需要三维设计，每个主要内容也需要三维设计。

二、三维设计的时间规划

关于课程的时间安排和重点规划，在本书第二章"结构设计"中已做阐述，这里仅从三维设计的角度进行补充。在课程设计中，遵循20/80法则，即导课+结课占整门课程时间的20%，正课占80%。在导课+结课中，导课占的比重小，结课占的比重大。结课的比重大是为了强化学习成果，确保学习效果。

以企业的课程为例，如果课程时间是1个小时，那么，导课+结课应该是10分钟左右，正课是50分钟左右。以此类推，两个小时的课程中，导课+结课应该是20分钟左右；3个小时的课程中，导课+结课是30分钟左右；……

在这个时间比例的基础上，再分别进行导课和结课的具体内容开发。

结构设计、内容设计和材料设计都属于正课的内容，已经在前文学习过，此处不再重复。因此下面只阐述导课和结课的内容。

> 关于导课和结课的方法，也就是课程开场白和课程结尾的方法，相关书籍和课程非常多，你可以选择使用本书介绍的方法，也可以采用其他方法。你应根据内容的需要和时间的规划来选择具体方法。

三、常用的八种导课方法

导课在课程呈现及演讲场景中叫作开场白。这里介绍几种最常见的导课方法，这些方法适用于所有课程，大家可以根据课程的具体内容和时间安排进行选择（见图7-4）。

第七章 综合设计：促进深度学习

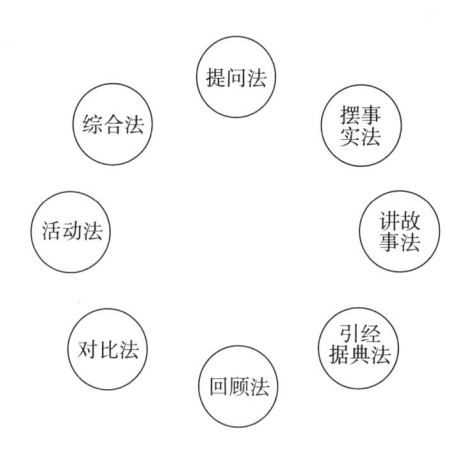

图7-1 导课的方法

关于导课方法的操作方式，如表7-1所示，有兴趣的读者还可以参阅《培训师的21项技能修炼》。

表7-1 八种导课方法操作示例

方法	解释	举例
提问法	通过提出与课程主题相关的1~3个问题来引发学员思考和注意	"你们认为有效沟通的关键是什么？平时在沟通中，常遇到的困惑是什么？"
摆事实法	利用相关的事实或数据，尤其是负面信息，来吸引学员注意	"据统计，70%的办公室冲突源于沟通不当。"
讲故事法	通过讲述一个短小的故事来吸引学员，为课程主题做铺垫	"曾经有一家公司因为忽视了团队沟通，导致项目失败……"
引经据典法	使用名人名言或警句来引出课程主题，增加权威性和吸引力	"正如彼得·德鲁克所说：'有效的沟通始于倾听。'"
回顾法	对前一次课程的内容进行简短回顾，为新课程内容做铺垫	"上节课我们讨论了沟通的三个基本原则，那么在实际工作中，如何应用这些原则呢？这节课我们共同来学习。"
对比法	通过展示前后或新旧之间的对比，突出变化，引起兴趣	"看看沟通前后团队氛围的变化，我们会发现有效的沟通是非常有必要的，那么如何做到，这节课我为大家解密。"
活动法	设计一个小活动或游戏，通过实践引发学员对课程主题的兴趣	"我们先来做一个沟通游戏，体验信息传递的过程。"
综合法	结合以上多种方法，以提问为基础，辅以其他方式来导课	"你们认为团队合作中沟通有多重要？让我们通过一个案例来看看……"

7步成课：7D+AI 精品课程开发

运用 AI 开发导课内容

以上各种导课方法都可以借助 AI 工具，这里具体介绍一个。仍然以"基层管理者沟通技巧"这门课程为例，向 AI 提问。

问 现在我要为"基层管理者沟通技巧"这门课，设计一个开场白，想采用故事法引出课程的主题。请提供一个与沟通相关的故事。

AI 尊敬的同事们，大家好。在开始今天的课程之前，我想先和大家分享一个故事。

在一家知名的科技公司里，有一个由五名工程师组成的团队，他们负责开发一款新的应用程序。这个团队的成员都非常有才华，但每个人都有自己独特的工作风格和沟通方式。团队中的一位工程师，我们称他为杰克，他是一个技术天才，但不太善于表达自己的想法。另一位工程师，莉莉，她非常善于沟通，但她的技术专长不如杰克。

项目开始时，团队的进展非常顺利，但随着时间的推移，他们遇到了一个技术难题。杰克尝试独立解决这个问题，但由于缺乏有效的沟通，他的解决方案并没有得到团队其他成员的理解。莉莉虽然意识到了问题的存在，但由于她没有深入的技术背景，她的建议也没有得到实施。

最终，这个问题导致了项目的延误，团队的士气也受到了影响。这时，团队的基层管理者，我们称他为汤姆，意识到了问题的严重性。他决定采取行动，他组织了一个会议，让杰克和莉莉以及其他团队成员都有机会表达自己的观点和想法。

在会议上，汤姆鼓励每个人用简单明了的语言来表达自己的观点，并且耐心倾听他人的意见。他引导团队成员进行开放和诚实的对话，确保每个人的声音都被听到。通过这种积极的沟通，团队最终找到了问题的解决方案，并且加强了成员之间的理解和信任。

这个故事告诉我们，沟通不仅仅是说话，更是一种艺术，一种技巧。它需要我们倾听、表达、理解和适应。今天，我们将一起探索如何通过有效的沟通技巧，来提升我们作为基层管理者的领导力和团队协作能力。

问

这个故事，请做以下优化：

- 故事的效果是要让大家意识到沟通技巧的重要性。
- 用中国场景的故事，包括任务、角色。
- 增强故事的真实性，不要说"我们称他为杰克"，而是直接说是谁。
- 精简文字。

AI

好的，这是一个优化后的故事：

大家好，今天我们要探讨的是沟通的艺术。让我用一个真实的故事来开启我们的话题。

在上海的一家创业公司，技术团队正忙于开发一款创新的移动支付应用。团队中的张伟，一个编程高手，却总是独自埋头苦干，很少与团队沟通。而团队的另一位成员，李娜，虽然沟通能力出众，但对技术细节了解不多。

一次，项目遇到了一个棘手的技术难题，张伟尝试解决，但由于沟通不足，他的解决方案并未得到团队的理解。李娜虽然察觉到了问题，却因技术背景不足而无法提出有效建议。

项目因此陷入僵局，团队士气低落。这时，团队领导王经理意识到了问题的严重性。他组织了一次团队会议，鼓励张伟、李娜以及其他成员坦诚交流，用简单明了的语言分享各自的想法。

在王经理的引导下，团队成员开始积极沟通，最终找到了解决方案，项目得以顺利推进。这个故事告诉我们，无论技术多么高超，沟通技巧同样关键。今天，我们将学习如何提升沟通技巧，以更好地领导和协作。

问 已经很不错了，如果再增加一点悬念，让大家对课程产生兴趣会更好，请继续优化。

AI 当然，以下是增加了悬念的故事版本：

各位同事，今天我们将开启一段关于沟通技巧的探索之旅。让我用一个发生在我们身边的故事来引出我们的话题。

在北京的一家快速发展的科技公司里，张伟，我们团队的技术骨干，正面临一个挑战。他的代码能力无人能及，但他的沟通方式却让团队头疼。与此同时，李娜，团队中的沟通专家，虽然能够轻松协调各方，却对技术问题束手无策。

项目的关键阶段，一个技术难题让团队陷入困境。张伟的解决方案在团队会议上被忽视，而李娜的建议也因为缺乏技术深度而未被采纳。项目进度停滞，团队氛围紧张。

就在这时，王经理，我们的基层管理者，采取了一个出人意料的行动,不仅解决了沟通障碍,还让团队在短短一周内找到了突破口,项目得以顺利推进。王经理是如何做到的呢?

今天,我们将一起揭开这个谜底。通过"基层管理者沟通技巧"这门课程,你将学到王经理的秘诀,掌握那些能够让你和你的团队沟通无阻、协作高效的技巧。

作为培训师,你如果不满意,可以继续提问,直到满意为止。当然,AI 提供的只是素材,你要运用教学技术进行优化。

四、常用的五种结课方法

在完整的课程中,结课包括结课的内容和结束的方法,在"成果设计"部分已经介绍过结课的内容,这里只介绍结课的方法。

结课有一个最基本的原则,就是呼应。导课用的方法、案例、语句,结课都可以用。这样更容易使课程形成一个整体。结课的常用方法如表 7-2 所示,有兴趣深入学习的读者仍然可参阅《培训师的 21 项技能修炼》,里面有详细介绍。

表 7-2 五种结课方法

方法	解释	举例
总结法	对所学内容进行概括和提炼,强化重点和关键信息,而不是简单重复	"我们对今天课程所讲的核心知识进行回顾:包含了工作任务梳理的三步流程,任务分解的两种方法……"
号召法	鼓励学员将所学知识运用到实践中,通过激励和号召增强学习的积极性和实际应用	"让我们将今天学到的沟通技巧转化为行动,用更加开放的心态去倾听,用更加清晰的方式去表达,用更加灵活的策略去适应,用更加稳定的情绪去应对。"

（续表）

方法	解释	举例
展望未来法	通过展望未来的应用场景或发展趋势，激发学员的热情和行动意愿，与号召法结合使用，可提升课程的站位和新意	"期待在未来的工作中看到你们沟通技巧的飞跃和成长。让我们以沟通为翼，共同飞向更高的天空！"
推崇后文法	在一系列连续课程中，对后续课程内容或者不同的老师进行预告和推崇，引起学员对后续学习的兴趣和期待，增强学习意愿	"我们上午给大家介绍了公司的发展史，让大家对公司的历史有所了解。公司的发展史给了我们什么启示，公司形成了什么样的企业文化？这部分内容在下午将由公司连续三年的绩优者张老师为大家分享，相信能够带给大家非常重要的启发，让我们共同期待。"
综合法	总结+其他	"我们今天学习了沟通中的倾听、表达、澄清、共识等技巧，期待在未来的工作中看到大家沟通技巧的成长和飞跃。让我们以沟通为翼，共同飞向更高的天空！"

需要注意的是，在本书"成果设计"这一章节，谈到了成果设计的具体方法，成果设计方法可以与结课方法结合起来运用。最重要的一个原则是：一定要有结课！

运用 AI 做课程结尾设计

AI 工具在这里同样可以运用，我们常用在最后的号召和展望未来的升华方面。

同样以"基层管理者沟通技巧"的课程为案例，向 AI 提问。

> 现在要对"基层管理者沟通技巧"这门课进行结尾设计，请做总结，并起到号召大家的效果。

第七章 | 综合设计：促进深度学习

> **AI**
>
> 尊敬的同事们，随着课程结束，我们共同走过了一段关于沟通技巧的学习和探索之旅。我们一起探讨了积极倾听与反馈的重要性，学习了如何清晰表达和结构化思维，掌握了非语言沟通的艺术，理解了情境适应与策略调整的必要性，以及如何有效管理情绪和应对压力。
>
> 沟通不仅仅是言语的交流，它是心灵的触碰，是思想的碰撞，更是团队协作的桥梁。通过学习，我们不仅提升了个人的沟通能力，更为我们的团队和组织带来了积极的变化。
>
> 记住，沟通技巧不是一蹴而就的，它需要我们在日常工作中不断实践和完善。让我们将学到的知识转化为行动，用更加开放的心态去倾听，用更加清晰的方式去表达，用更加灵活的策略去适应，用更加稳定的情绪去应对。
>
> 最后，我鼓励大家将学习成果应用到实际工作中，不断反思和调整，成为更优秀的沟通者和领导者。让我们一起努力，为我们的团队和组织创造更多的价值。
>
> 谢谢大家的参与和努力，期待在未来的工作中看到你们沟通技巧的成长和飞跃。让我们以沟通为翼，共同飞向更高的天空！

如果你觉得太复杂，还可以优化，继续提问。

> **问**
>
> 请对以上结尾进行优化：
> - "我们"有些多，精简。
> - 最后提供一句"金句"或者相关的经典语句。

各位同事,"基层管理者沟通技巧"课程到此结束。我们探讨了倾听、表达、非语言沟通、情境适应和情绪管理的重要性。这些技能是提升团队效能的关键。请大家将所学融入实践,让沟通成为团队协作的强音。

以沟通为纽带,让我们共同编织团队的未来。记住,沟通是心灵的艺术,是连接彼此的桥梁。让我们用它构建信任,激发潜能,共创辉煌。

谢谢大家的参与,期待在沟通的旅途中与你们同行。

这里再一次强调,我们要借助 AI 工具,但是不能完全依赖 AI。

课程的综合设计,是全面提升课程技术含量,走向精品,甚至是版权课程的关键所在。相对而言,课程的"三段式"模块化设计较简单。只要意识到其价值,就可以运用相应的方法,不仅能做到模块化,也能提升课程品质。

如果能做到系统性设计,就可以超越很多同类课程,建立自己的优势。课程开发者需要不断探索和实践,厚积薄发。

本章小结

一、重点知识回顾

1.教学设计最常用的三个思维:用户思维、系统思维和设计思维。

2.课程系统化设计的五个方法:任务驱动法、问题贯穿法、案例连接法、场景设计法、要素建模法。

3.课程模块化设计,即"三维设计":导课、正课、结课的设计。

4.可以借助AI对内容进行系统化设计。

二、作业

1.对课程内容进行全面系统化设计和模块化梳理。

2.为每个模块设计导课和结课的方法，可以单独做成PPT，也可以放在备注里。